Kohlendioxid in Wasser mit Alkalinität

Gerhard Hobiger

Kohlendioxid in Wasser mit Alkalinität

Berechnung und grafische Darstellung der chemischen Gleichgewichte

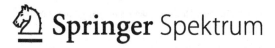 Springer Spektrum

Gerhard Hobiger
Fachabteilung Geochemie
Geologische Bundesanstalt
Wien
Österreich

ISBN 978-3-662-45465-7   ISBN 978-3-662-45466-4 (eBook)
DOI 10.1007/978-3-662-45466-4

Die Deutsche Nationalbibliothek verzeichnet diese Publikation in der Deutschen Nationalbibliografie;
detaillierte bibliografische Daten sind im Internet über http://dnb.d-nb.de abrufbar.

Springer Spektrum

Planung: Rainer Münz

Gedruckt auf säurefreiem und chlorfrei gebleichtem Papier

Springer Spektrum ist eine Marke von Springer DE. Springer DE ist Teil der Fachverlagsgruppe Springer
Science+Business Media
www.springer-spektrum.de

Für meinen Vater

Vorwort

Kohlendioxid, oder kurz CO_2, ist eine gasförmige Verbindung, die man im täglichen Leben oft antrifft. Das reicht vom erfrischenden Sodawasser oder CO_2-Bädern im Wellnessbereich über die – leider oft – in den Medien zu lesenden Gärgasunfällen bis zum Verursacher für die derzeit stattfindende Klimaerwärmung. Überall spielt das Kohlendioxid eine Hauptrolle. Zum Verständnis, warum Kohlendioxid bei all diesen Vorgängen als einer der Hauptakteure in Aktion tritt, müssen die chemischen Gleichgewichte des Kohlendioxids betrachtet werden. In diesem Buch wird die Wechselwirkung des CO_2 mit Wasser berechnet und zur Veranschaulichung grafisch dargestellt. Insgesamt sind es nur wenige Gleichgewichte, die berücksichtigt werden müssen, sie sind jedoch voneinander abhängig. Zum besseren Verständnis wird allerdings immer nur eine chemische Reaktion betrachtet und diskutiert.

Daher ist das Ziel dieses Buches, ein besseres Verständnis der Kohlensäuregleichgewichte zu vermitteln. Es richtet sich an alle, die mit hydrochemischen Problemstellungen, bei denen das Kohlendioxid von Wichtigkeit ist, zu tun haben; es soll aber auch an fortgeschrittenen Lehrgängen der Hydrochemie Verwendung finden sowie eine Hilfestellung für Studierende in höheren Semestern sein, die sich für die mathematische Behandlung von chemischen Gleichgewichten interessieren.

Es werden die theoretischen Grundlagen für die chemischen Gleichgewichte ausführlich erläutert, und die abgeleiteten mathematischen Gleichungen können direkt für eigene Berechnungen herangezogen werden. Sämtliche Berechnungen wurden in MS-EXCEL® als Makro programmiert und als 3D- bzw. 2D-Grafiken dargestellt. Der Autor hat alles exakt abgeleitet und auch mehrmals durch Parallelrechnungen bzw. durch unterschiedliche Programmierungen verifiziert. Sollte sich jedoch trotz aller Sorgfältigkeit ein Fehler eingeschlichen haben, so ist der Verfasser für jede Kritik und Verbesserungsvorschläge dankbar.

An dieser Stelle möchte ich mich beim Springer-Verlag bedanken, der mir während der Erstellung des Buches jederzeit und stets hilfreich zur Seite stand. Insbesondere richtet sich dieser Dank an den Betreuer Herrn Dr. Rainer Münz und an Frau Imme Techentin, die mir sehr viele Tipps und Ratschläge beim Verfassen des Manuskriptes gab und die mühevolle Aufgabe der Vorbereitungen für den Satz übernahm.

Des Weiteren möchte ich mich auch bei meiner Frau und meinen Kindern bedanken, die mich in der Zeit des Verfassens dieses Buches stets verständnisvoll
unterstützten.

Im Oktober 2014   Gerhard Hobiger

Inhaltsverzeichnis

Einleitung

1

Kohlendioxid kommt in der Atmosphäre zu 0,03 Vol.-% (Hollemann-Wiberg 2007) bzw. mit einem Partialdruck von $3,7 \times 10^{-4}$ atm (Sigg und Stumm 2011) frei vor. Aufgrund der Wechselwirkung zwischen der Atmosphäre mit der Hydrosphäre findet man Kohlendioxid in Form von Kohlensäure und deren Salze auch im Wasser. Nahezu den gesamten Kohlenstoff der Erde findet man in gebundener Form als Kalk (Calciumcarbonat), Dolomit (Calcium-Magnesium-Carbonat), Magnesit (Magnesiumcarbonat) und anderen Carbonaten in den großen carbonathaltigen Gebirgen der Erdkruste (z. B.: Dolomiten, Kalkalpen, etc.). Diese sind in früheren geologischen Zeiten aus Schalen- und Krustentieren entstanden. Das erklärt auch die große Bedeutung der Carbonate in der Geologie der Erde (Schuster et al. 2013). Die hauptsächlich vorkommenden Erdalkalicarbonate besitzen die spezielle chemische Eigenschaft, dass sie sich durch den Kohlendioxidanteil der Atmosphäre und Wasser reversibel in Hydrogencarbonate verwandeln und somit in eine lösliche Form überführt werden können (Dreybrodt et al. 1996). Einer der Ersten, der sich mit dem Kalk-Kohlensäure-Gleichgewicht quantitativ beschäftigt hat, war Tillmanns. Von ihm stammt auch die bekannte Tillmanns-Kurve, aus der man ablesen kann, ob ein Wasser kalklösend, also aggressiv, oder kalkabscheidend ist (Tillmanns und Heubleins 1912). Die damit verbundene Verkarstung von diesen Gebirgen ist die Grundlage für die Entstehung von ausgedehnten Höhlensystemen und den darin befindlichen Stalaktiten und Stalagmiten. Solche Karstgebirge sind als natürliche Wasserreservoirs für Trinkwassernutzungen von unschätzbarem Wert (Hilberg 2011; Reimann und Birke 2010; Zhang 1995). Daraus lässt sich allgemein erkennen, dass Carbonatgesteine als gute Aquifere anzusprechen sind, woraus das große Interesse in der Hydrogeologie resultiert (Golubic et al. 1979; Hölting 1984). Gelangen Wässer in größere Tiefen, so tritt aufgrund der geothermischen Tiefenstufe eine Erwärmung ein. Somit können durch die Wechselwirkung mit dem Gestein Mineralstoffe gelöst werden, wodurch sich diese Wässer mit besonderen Inhaltsstoffen anreichern. Diese Wässer werden oft in der Balneologie und im Wellnessbereich genutzt (Fresenius und Fuchs 1930; Gübeli-Litscher 1948; Hobiger et al. 2005; Zötl und Goldbrunner 1993).

© Springer-Verlag Berlin Heidelberg 2015
G. Hobiger, *Kohlendioxid in Wasser mit Alkalinität*,
DOI 10.1007/978-3-662-45466-4_1

Aufgrund dieser Eigenschaften der Erdalkalicarbonate wird die gesamte Hydrochemie des in Carbonatgesteinen vorkommenden Wassers durch das Zusammenspiel von Lösung und Ausfällung wesentlich beherrscht. Eine entscheidende Rolle spielen dabei die chemischen Gleichgewichte der Kohlensäure und deren Salze in Wasser mit dem Kohlendioxid der Atmosphäre (Dreybrodt et al 1996). Ebenso sind die Gleichgewichte zwischen Kohlendioxid und Wasser in allen Oberflächengewässern der Erde von großer Bedeutung. Durch das theoretische Verständnis dieser chemischen Gleichgewichte können daher die Zusammenhänge zwischen CO_2-Gehalt der Luft, Niederschlag, Verkarstung, Lösungsinhaltsstoffen im gespeicherten Wasser (Trinkwasserressourcen), Carbonathärte der Wässer sowie die Aufnahmefähigkeit des Kohlendioxids in den großen Ozeanen der Erde interpretiert bzw. abgeschätzt werden (Caleira und Wickert 2003).

Neben den anorganischen Vorkommen spielt der Kohlenstoff die wichtigste Rolle in der organischen Materie. Ohne Kohlenstoff ist ein Leben im herkömmlichen Sinn unmöglich. In sämtlichen biochemischen Reaktionen sind Kohlenstoffverbindungen mitbeteiligt. Wird daher organische Materie oxidativ abgebaut, so entsteht neben anderen Endprodukten auch Kohlendioxid, das wieder über die Photosynthese zum Aufbau von organischen Molekülen in der Natur verwendet wird. Insgesamt existiert daher ein natürlicher biogener Kohlenstoffkreislauf, der organische Moleküle auf- bzw. abbaut (Golubic 1979). Dabei spielt das Kohlendioxid eine zentrale Rolle. Bei diesen chemischen Reaktionen wird neben dem Stoffumsatz immer auch Energie umgesetzt, was sowohl in der gesamten Biosphäre als auch in der Technik ausgenutzt wird. In der Technik nutzt man die dabei frei werdende Energie, die bei der Verbrennung von organischen Verbindungen entsteht. Derzeit werden aber größtenteils nicht erneuerbare fossile Brennstoffe zur Energieerzeugung verwendet, was zu einem zusätzlichen Eintrag an Kohlendioxid in die Atmosphäre führt. Aufgrund des nun im Kreislauf befindlichen größeren Anteils an Kohlendioxid kann in kurzer Zeit der Überschuss nicht mehr in den biogenen Stoffwechsel zurückgeführt werden, sodass sich Kohlendioxid in der Atmosphäre anreichert. Da Kohlendioxid ein Treibhausgas ist, wird diese Erhöhung des Kohlendioxidanteils der Luft als ein Mitverursacher für die globale Klimaerwärmung angesehen. Bedingt durch die chemische Wechselwirkung zwischen Hydrosphäre und Atmosphäre erfolgt dadurch auch eine Anreicherung von Kohlendioxid und somit auch Kohlensäure und deren Salze in der gesamten Hydrosphäre. Daher ist es auch von diesem Gesichtspunkt aus wichtig, die theoretischen Zusammenhänge zwischen der Konzentration des Kohlendioxids in der Atmosphäre und den Verbindungen der Kohlensäure in der Hydrosphäre zu kennen, um bessere Prognosen für die Auswirkungen der Klimaerwärmung und eventuelle Rückkopplungsmechanismen geben zu können Diese allgemeinen Zusammenhänge haben große Bedeutung in der Umweltchemie (Bliefert 2002) und Umweltgeologie.

In diesem Buch werden die theoretischen Grundlagen für das chemische Gleichgewicht zwischen Kohlendioxid und Wasser mit einer bestimmten Alkalinität allgemein dargestellt. Löst sich Kohlendioxid in Wasser mit Alkalinität, bildet es die zweibasige Kohlensäure, die in 2 Stufen dissoziiert. Vom chemischen Gesichtspunkt aus gesehen sind nur wenige einfache chemische Gleichgewichte zu berücksichtigen und sie können mit einfachen mathematischen Modellen beschrieben werden. Es wird gezeigt, welche mathematischen Beziehungen zwischen den einzelnen Parametern existieren, und im Anschluss werden alle explizit berechnet und grafisch dargestellt. Um die Anzahl der möglichen mathematischen Gleichungen zu berechnen, werden kombinatorische Methoden eingesetzt. Daraus ergibt sich, dass das allgemeine System zwei Freiheitsgrade besitzt. In weiterer Folge ergeben sich zunächst 16 Systeme mit jeweils 3 voneinander unabhängigen Variablen, wobei jeweils 2 bekannt sein müssen (2 Freiheitsgrade), um die dritte zu berechnen. Aus diesen 16 Systemen folgen 48 mathematische Beziehungen, mit denen das gesamte chemische System beschrieben werden kann. Es ist daher möglich, mit nur zwei bekannten Variablen das gesamte Gleichgewichtssystem zwischen Kohlendioxid und Wasser mit Alkalinität exakt zu berechnen. „Exakt" bedeutet, dass von allen beteiligten chemischen Gleichgewichten sämtliche Bestimmungsgleichungen ohne Näherungen mitberücksichtigt werden. Nicht berücksichtigt wurden Komplexbildungen und der Ionenstärkeeinfluss (Eberle et al.1982; Eberle und Donnert 1991). Es wurden daher die Aktivitätskoeffizienten gleich eins gesetzt, wodurch das System als ideal angenommen wurde. Der Einfluss von nichtidealen Bedingungen kann allerdings jederzeit mit entsprechenden Näherungsformeln (z. B. Debye-Hückel (Kortüm 1966)) bei numerischer Berechnung mit entsprechenden Programmen leicht mitberücksichtigt werden (Eberle und Donnert 1991). Wie oben erwähnt, genügen im Prinzip nur zwei Variablen, um alle anderen zu bestimmen. Dies ist zwar mathematisch richtig, aber in der chemischen Praxis können in sinnvoller Weise nur bestimmte Parameter vorgegeben werden. Dies folgt unmittelbar aus der Chemie der Kohlensäure und aus den beteiligten chemischen Gleichgewichten.

Aus dem allgemeinen Fall wird durch Gleichsetzen der Alkalinität mit null das Gleichgewicht von Kohlendioxid mit reinem Wasser abgeleitet. Dieser Spezialfall besitzt nur noch 1 Freiheitsgrad, und es existieren 20 Gleichungen, die zur Beschreibung dieses Systems notwendig sind. Dies wird ebenfalls mit kombinatorischen Methoden gezeigt, und im Anschluss werden alle aus den bereits bekannten Gleichungen des allgemeinen Falles hergeleitet, berechnet und wieder grafisch dargestellt.

Dieser Spezialfall kann, nach Berücksichtigung der entsprechenden Gleichgewichtskonstanten, auf alle Gase, die in Wasser eine 2-basige Säure bilden, angewandt werden.

Des Weiteren ist eine Erweiterung auf Gase, die in Wasser eine einbasige Säure bilden, leicht aus dem angegebenen Formalismus möglich. Bildet das Gas eine mehrbasige Säure in Wasser, so müssten noch zusätzlich die weiteren Gleichungen für die Dissoziationsstufen in die Berechnungen einbezogen werden. Um daraus die expliziten Gleichungen darzustellen, ist allerdings ein sehr hoher mathematischer Aufwand nötig. Leicht hingegen ist die Ableitung der möglichen existierenden Beziehungen bei mehr als zweibasigen Säuren über die hier vorgestellte kombinatorische Methode.

Literatur

Bliefert C (2002) Umweltchemie, 3. Aufl. Wiley-VCH, Weinheim

Caleira K, Wickert M E (2003) Anthropogenic carbon and ocean pH. Nature 425:25

Dreybrodt W, Lauckner J, Zaihua L, Svensson U, Buhmann D (1996) The kinetics of the reaction $CO_2 + H_2O \rightarrow H^+ + HCO_3^-$ as one rate limiting steps for the dissolution of calcite in the System H_2O-CO_2-$CaCO_3$. Geochim Cosmochim Acta 60:3375–3381

Eberle SH, Donnert D (1991) Die Berechnung des pH-Wertes der Calcitsättigung eines Trinkwassers unter Berücksichtigung der Komplexbildung. Z Wasser Abwasser Forsch 24:258–268

Eberle SH, Hennes Ch, Dehnad F (1982) Berechnung und experimentelle Prüfung eines komplexchemischen Modells der Hauptkonstituenten des Rheinwassers. Z Wasser Abwasser Forsch 15:217–229

Fresenius L, Fuchs O (1930) Zur Berechnung der Mineralwasseranalysen. Z Anal Ch 82:226–234

Golubic S, Krumbein W, Schneider J (1979) The carbon cycle. In: Trudinger PA, Swaine DJ (Hrsg) Studies in environmental science 3. Biochemical cycling of mineral-forming elements. Elsevier, Amsterdam, S 29–45

Gübeli-Litscher O (1948) Chemische Untersuchung von Mineralwässern. Universitätsverlag Wagner, Innsbruck

Hilberg S (2011) Anwendung hydrochemischer Modellrechnungen zur Bestimmung von Infiltrationsgebieten – Fallbeispiel Reißeck (Oberkärnten, Österreich). Grundwasser Z Fachsekt Hydrogeol 16:25–36

Hobiger G, Kollmann W, Shadlau S (2005) Thermal- und Mineralwässer. In: BMLFUW (Hrsg) Hydrologischer Atlas Österreichs (HAÖ), 2. Lieferung, Kartentafel 6.6, Wien

Hollemann-Wiberg (2007) Lehrbuch der Anorganischen Chemie, 102. Aufl. de Gruyter, Berlin

Hölting B (1984) Hydrogeologie – Einführung in die Allgemeine und Angewandte Hydrogeologie, 2. Aufl. Ferdinand Enke, Stuttgart

Kortüm G (1966) Lehrbuch der Elektrochemie. Verlag Chemie, Weinheim

Reimann C, Birke M (Hrsg) (2010) Geochemistry of European bottled water. Boorntraeger Science Publishers, Stuttgart

Schuster R, Daurer A, Krenmayr HG, Linner M, Mandl GW, Pestal G, Reitner JM (2013) Rocky Austria, Geologie von Österreich – kurz und bunt. Geologische Bundesanstalt, Wien

Sigg L, Stumm W (2011) Eine Einführung in die Chemie wässriger Lösungen und natürlicher Gewässer, 5. Aufl. vdf, Hochschulverlag an der ETH, Zürich

Tillmanns J, Heubleins O (1912) Über die kohlensauren Kalk angreifende Kohlensäure der natürlichen Wässer. Gesundheits-Ingenieur 35:669–667

Zhang D (1995) Karst Geomorphology and Hydrogeology. In: Mt. Kräuterin of the Northeastern Alps, Austria. Dissertation, Univ. Wien

Zötl J, Goldbrunner JE (1993) Die Mineral- und Heilwässer Österreichs – Geologische Grundlagen und Spuren. Springer, Heidelberg

Grundlegende Definitionen

2

In diesem Kapitel werden die wichtigsten und grundlegenden Definitionen, welche für das Verständnis der Kohlensäuregleichgewichte notwendig sind, definiert und erläutert (Appelo und Postma 2005; Höll 1986; Sigg und Stumm 2011; Stumm und Morgan 1996). Dabei ist zu beachten, dass sämtliche Konzentrationen in mol/l angegeben werden.

2.1 pX-Wert

Allgemein wird ein pX-Wert in der Chemie wie folgt definiert:

$$pX = -\lg X \qquad (2.1)$$

Die Umkehrung davon lautet:

$$X = 10^{-pX} \qquad (2.2)$$

X ... reelle positive Größe (X > 0)

Sinnvolle Anwendungen ergeben sich dann, wenn die Größe X über mehrere 10er-Potenzen variieren kann und somit im logarithmischen Maßstab besser dargestellt werden kann. Ein wichtiges Beispiel ist der pH-Wert.

2.1.1 pH-Wert

In der Chemie der wässrigen Lösungen spielt die Aktivität bzw. die Konzentration der Wasserstoffionen eine entscheidende Rolle (Bliefert 1978; Eberle et al. 1982; Eberle und Donnert 1991; Galster 1990; Kahlert und Scholz 2014; Lahav et al.

© Springer-Verlag Berlin Heidelberg 2015
G. Hobiger, *Kohlendioxid in Wasser mit Alkalinität*,
DOI 10.1007/978-3-662-45466-4_2

2001). Die Konzentration der Wasserstoffionen erstreckt sich im Allgemeinen von 10^0 bis 10^{-14} mol/l. Daher ist es sinnvoll, diesen Bereich in einer logarithmischen Skala darzustellen und folgende Definition für den pH-Wert einzuführen:

$$pH = -\lg a_{H^+} \tag{2.3}$$

a_{H^+} ... Aktivität der Wasserstoffionen in der Lösung

Zwischen der Wasserstoffionenaktivität und der Wasserstoffionenkonzentration gilt folgende mathematische Beziehung:

$$a_{H^+} = f_{H^+}[H^+] \tag{2.4}$$

f_{H^+} ... Aktivitätskoeffizient der Wasserstoffionen
$[H^+]$ ... Konzentration der Wasserstoffionen in mol/l

Der Aktivitätskoeffizient gibt die molekularen Wechselwirkungen zwischen den Ionen an und kann bei verdünnten Lösungen gleich 1 gesetzt werden. Für den pH-Wert verdünnter Lösungen gilt daher folgende Beziehung:

$$pH = -\lg[H^+] \tag{2.5}$$

Da hier nur verdünnte Lösungen betrachtet werden, wird Gl. (2.5) im Folgenden für die Berechnung des pH-Wertes verwendet. Eine ausführliche Darstellung von pH-Wert-Berechnungen findet man in (Bliefert 1978; Kahlert und Scholz 2014).

2.1.2 pK-Wert

Ein weiteres Anwendungsgebiet der Definition (2.1) ist die Darstellung von thermodynamischen Gleichgewichtskonstanten. Der pK-Wert einer chemischen Reaktion ist wie folgt definiert (Appelo und Postma 2005; Bliefert 1978; Hobiger 1996; Hobiger 1997; Kortüm und Lachmann 1981; Sigg und Stumm 2011; Stumm und Morgan 1996):

$$pK = -\lg K \tag{2.6}$$

K ... thermodynamische Gleichgewichtskonstante

Als Beispiel soll die Dissoziation der einbasigen Säure HA betrachtet werden:

$$HA \leftrightarrow H^+ + A^- \tag{2.7}$$

Für diese Dissoziation lautet daher die Dissoziationskonstante :

$$(K_a)_{HA} = \frac{a_{H^+}a_{A^-}}{a_{HA}} \tag{2.8}$$

a_i ... Aktivitäten der einzelnen Spezies ($i = $ HA, H^+ und A^-)

Der Index a bei der Konstante soll darauf hinweisen, dass diese Konstante mit Aktivitäten berechnet wird.

Analog dem pH-Wert gelten die folgenden Beziehungen zwischen den einzelnen Aktivitäten und den Konzentrationen:

$$a_i = f_i[i] \tag{2.9}$$

f_i ... Aktivitätskoeffizient der einzelnen Spezies ($i = HA$, H^+ und A^-)
$[i]$ ... Konzentration der Spezies i ($i = HA$, H^+ und A^-) in mol/l
Setzt man Gl. (2.9) in (2.8) ein, so ergibt sich:

$$(K_a)_{HA} = \frac{f_{H^+} f_{A^-}}{f_{HA}} \frac{[H^+][A^-]}{[HA]} \tag{2.10}$$

Auch hier gilt für verdünnte Lösungen, dass die molekularen Wechselwirkungen vernachlässigt und daher die Aktivitätskoeffizienten gleich 1 gesetzt werden können. Definiert man die aus Konzentrationen berechnete Dissoziationskonstante als

$$K_{HA} = \frac{[H^+][A^-]}{[HA]} \tag{2.11}$$

so ergibt sich aus den Gl. (2.10) und (2.11) für $(K_a)_{HA}$

$$(K_a)_{HA} = \frac{f_{H^+} f_{A^-}}{f_{HA}} K_{HA} \tag{2.12}$$

Die Berücksichtigung der Aktivitätskoeffizienten bei Berechnungen erfolgt im Allgemeinen nach speziellen Theorien wie z. B. nach Debye-Hückel (Kortüm 1966). Wie aus Gl. (2.10) hervorgeht, setzt sich die Konstante $(K_a)_{HA}$ aus einem konzentrationsabhängigen Teil K_{HA} und einem Teil, der nur von den Aktivitätskoeffizienten abhängt, zusammen. Für allgemeine Berechnungen genügt es daher, zunächst nur den konzentrationsabhängigen Teil und erst bei der numerischen Berechnung die Aktivitätskoeffizienten zu berücksichtigen. Wie solche Programme aufgebaut werden, siehe (Eberle et al. 1982; Eberle und Donnert 1991). Daher wird im Folgenden nur der konzentrationsabhängige Teil der thermodynamischen Gleichgewichtskonstanten betrachtet.

2.2 Ionenprodukt des Wassers

Wie oben erwähnt, spielt die Wasserstoffionenkonzentration in wässrigen Lösungen eine wichtige Rolle. Die Bildung der Wasserstoffionen hängt aber unmittelbar mit der Dissoziation des Wassers zusammen (Bliefert 1978), wobei folgende chemische Gleichung gilt:

$$H_2O \leftrightarrow H^+ + OH^- \tag{2.13}$$

Dafür lautet die entsprechende Dissoziationskonstante:

$$K'_W = \frac{[H^+][OH^-]}{[H_2O]} \tag{2.14}$$

Aufgrund des geringen Anteils der dissoziierten Ionen wird die Konzentration des Wassers in die Konstante miteinbezogen, woraus sich das bekannte Ionenprodukt ergibt:

$$K_W = [H^+][OH^-] \tag{2.15}$$

K_W ... Ionenprodukt des Wassers

Mit Verwendung der Definition des pX-Wertes (Gl. (2.1)) erhält man aus Gl. (2.15) folgenden Zusammenhang:

$$pK_W = pH + pOH \tag{2.16}$$

Die Gl. (2.15) und (2.16) geben die in der Wasserchemie wichtige Beziehung zwischen den Konzentrationen an [H$^+$]- und [OH$^-$]-Ionen bzw. dem pH-Wert und dem pOH-Wert an. Ist also der pH-Wert bekannt, so kann direkt der pOH-Wert und somit die Hydroxidionenkonzentration berechnet werden. Für allgemeine Betrachtungen ist es daher nicht nötig, immer sowohl die Wasserstoffionenkonzentration als auch die Hydroxidionenkonzentration mitzuberechnen. Aus diesem Grund wird im Folgenden immer nur die Wasserstoffionenkonzentration oder der pH-Wert berechnet bzw. als gegeben angenommen. Wie diese Zusammenhänge in der Praxis angewendet werden, wird in Bliefert 1978 und Kahlert und Scholz 2014 erläutert.

2.3 Alkalinität

In der Wasserchemie wird als Alkalinität die Säurebindungskapazität bis zum ersten Äquivalenzpunkt eines Carbonatsystems definiert, was nichts anderes bedeutet, als dass die Kohlensäure als Referenzpunkt angenommen wird (Appelo und Postma 2005; Hobiger 1997; Hütter 1990; Sigg und Stumm 2011; Stumm und Morgan 1996). Es gilt daher die folgende Definitionsgleichung für die Alkalinität:

$$[Alk] = [OH^-] - [H^+] + [HCO_3^-] + 2[CO_3^{2-}] \tag{2.17}$$

Sind in einem Wasser neben starken Basen auch noch schwache Basen vorhanden, so werden zwar die schwachen Basen mit der Alkalinität erfasst, nicht aber die starken. Es ergibt sich daher folgende Gleichung für die Alkalinität:

$$[Alk] = [OH^-] - [H^+] + [HCO_3^-] + 2[CO_3^{2-}] + [schwacheBasen] \tag{2.18}$$

Da hier nur das reine Carbonatsystem mit eventuell vorhandenen starken Basen behandelt wird, werden die schwachen Basen in sämtlichen folgenden Ableitungen vernachlässigt.

Um die Alkalinität besser zu verstehen, soll noch folgende (andere, aber äquivalente) Definition der Alkalinität erwähnt werden:

In jedem Wasser muss die Ladungsbilanz erfüllt sein. Das heißt, es müssen sich alle Ladungen ausgleichen, was bedeutet, dass die Summe der Kationenladungen gleich der Summe der Anionenladungen sein muss, oder chemisch ausgedrückt: Die Summe der Kationenäquivalente ist gleich der Summe der Anionenäquivalente. Für das reine Carbonatsystem mit stark dissoziierenden Ionen gilt daher:

$$[H^+] + \sum eq(K) = [OH^-] + [HCO_3^-] + 2[CO_3^{2-}] + \sum eq(A) \qquad (2.19)$$

mit:

$\sum eq(K) \dots$ Summe aller starken Kationenäquivalente

$\sum eq(A) \dots$ Summe aller starken Anionenäquivalente

Umgeformt erhält man wieder die Gleichung für die Alkalinität (2.17), wie sie in der Wasserchemie verwendet wird. Somit ist auch bewiesen, dass beide Definitionen der Alkalinität äquivalent sind:

$$\left(\sum eq(K) - \sum eq(A)\right) = [OH^-] - [H^+] + [HCO_3^-] + 2[CO_3^{2-}] = [Alk]$$
$$(2.20)$$

Welche Eigenschaften hat nun die Alkalinität?

1. Sie ist gegenüber einer Zugabe bzw. Entfernung von CO_2 invariant.

Ein einfaches Beispiel soll das illustrieren:

Im Falle eines einfachen Wassers, mit den stark dissoziierten Ionen Na^+, K^+, Mg^{2+}, Ca^{2+}, Cl^-, NO_3^-, SO_4^{2-} erhält man durch Einsetzen in Gl. (2.19):

$$[Na^+] + [K^+] + 2([Ca^{2+}] + [Mg^{2+}]) - [Cl^-] - [NO_3^-] - 2[SO_4^{2-}] \qquad (2.21)$$

$$= [Alk] = [OH^-] - [H^+] + [HCO_3^-] + 2[CO_3^{2-}]$$

Wird nun CO_2 zugegeben, so entstehen, wie im Kap. 3 erläutert werden wird, zunächst Kohlensäure und in weiterer Folge durch Dissoziation Wasserstoffionen (H^+)sowie Hydrogencarbonat- (HCO_3^-) und Carbonationen (CO_3^{2-}). Die linke Seite der Gl. (2.21) kann sich dabei nicht ändern. Es muss sich daher die rechte Seite so ändern, dass die Gleichung wieder erfüllt wird. Dies kann allerdings nur über eine Verringerung der Hydroxidionen erfolgen, wodurch über das Dissoziationsgleichgewicht des Wassers die Wasserstoffionenkonzentration erhöht wird. Die Folge ist daher eine Erniedrigung des pH-Wertes und somit eine Versauerung der Lösung. (Siehe auch Anhang 1).

2. Alkalinität als Verallgemeinerung der Ladungsbilanz des Systems Kohlendioxid in reinem Wasser

Wie schon erwähnt, muss, aufgrund der Elektroneutralität, in jeder Lösung die Summe aller Kationenladungen gleich der Summe aller Anionenladungen sein. Chemisch bedeutet das, dass die Summe aller Kationenäquivalente gleich der Summe der Anionenäquivalente ist. Es gilt daher:

$$\sum eq(K) = \sum eq(A) \qquad (2.22)$$

K ... Kation
A ... Anion

Löst man nun Kohlendioxid in Wasser ohne Alkalinität (also reinem) Wasser, so sind in der Lösung Wasserstoffionen $[H^+]$, Hydroxidionen $[OH^-]$, Hydrogencarbonationen $[HCO_3^-]$ und Carbonationen $[CO_3^{2-}]$. Für die Ionenbilanz folgt daher:

$$[H^+] = [OH^-] + [HCO_3^-] + 2[CO_3^{2-}] \qquad (2.23)$$

oder anders geschrieben:

$$[H^+] - [OH^-] - [HCO_3^-] - 2[CO_3^{2-}] = 0 \qquad (2.24)$$

Gleichung (2.24) ist aber nichts anderes als die Definitionsgleichung für die Alkalinität für den Spezialfall der reinen Kohlensäurelösung. In diesem Fall gilt daher [Alk] = 0 mol/l. Die Alkalinität ist daher die Verallgemeinerung der Ladungsbilanz einer reinen Kohlensäurelösung. Das ist der mathematische Ausdruck dafür, dass die reine Kohlensäurelösung (wie oben bereits erwähnt) der Bezugspunkt der Alkalinität ist.

3. Die Alkalinität ist gleich der Differenz der Summe aller starken Kationenäquivalente und Summe aller starken Anionenäquivalente

Wie aus der Definitionsgleichung (2.20) hervorgeht, ist die Alkalinität nichts anderes als die Differenz zwischen der Summe alle starken Kationenäquivalente und der Summe aller starken Anionenäquivalente. D. h. sind alle starken Kat- und Anionen eines Wassers bekannt, kann man ebenfalls die Alkalinität berechnen.

Wie aus Gl. (2.20) ersichtlich, gilt

$$\sum eq(K) - \sum eq(A) = [Alk] \qquad (2.25)$$

Sehr ausführlich wird die Alkalinität in (Sigg und Stumm 2011; Stumm und Morgan 1996) erläutert.

2.3.1 Verhalten der Alkalinität für verschwindenden Partialdruck des Kohlendioxids

Das Verhalten der Alkalinität für verschwindenden Partialdruck des Kohlendioxids ergibt sich, wenn die Hydrogencarbonat- und Carbonatkonzentrationen in Gl. (2.19) gleich null gesetzt werden. Dadurch erhält man eine Beziehung zwischen der Alkalinität und der Wasserstoffionenkonzentration, also den pH-Wert. Man erhält:

$$[Alk] = [OH^-] - [H^+] \qquad (2.26)$$

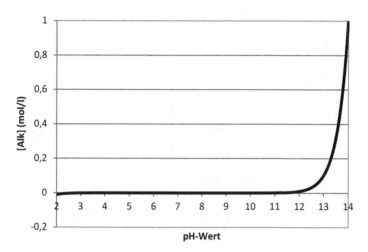

Abb. 2.1 Grafische Darstellung von Gl. (2.27). (© Gerhard Hobiger)

Nach Berücksichtigung des Ionenprodukts des Wassers (Gl. (2.15)) folgt:

$$[Alk] = \frac{K_W - [H^+]^2}{[H^+]} = \frac{K_W}{[H^+]} - [H^+] = [OH^-] - [H^+] \qquad (2.27)$$

Die folgende Abb. 2.1 zeigt die grafische Darstellung von Gl. (2.27):

Unter dem pH-Wert von 7 wird die Alkalinität negativ. Sind jedoch Spezies des Carbonatsystems in Lösung, wird sie natürlich auch unter dem pH-Wert von 7 wieder positiv.

Die entsprechende Umkehrfunktion lautet:

$$[H^+]^2 + [Alk][H^+] - K_W = 0 \qquad (2.28)$$

mit der Lösung:

$$\left([H^+]\right)_{1,2} = \frac{1}{2}\left(-[Alk] \pm \sqrt{[Alk]^2 + 4K_W}\right) \qquad (2.29)$$

Von den beiden möglichen Lösungen erhält man nur mit der positiven Wurzel sinnvolle Werte.

Die grafische Darstellung der Gl. (2.29) zeigt Abb. 2.2:

Setzt man in Gl. (2.28) die Alkalinität gleich null, so bedeutet dies ein reines Wasser, und man erhält nach der entsprechenden Umformung natürlich die Wasserstoffionenkonzentration des Neutralpunktes:

$$[H^+] = \sqrt{K_W} \qquad (2.30)$$

Mit Gl. (2.5) folgt die bekannte Beziehung für reines Wasser:

$$pH = \frac{pK_W}{2} \qquad (2.31)$$

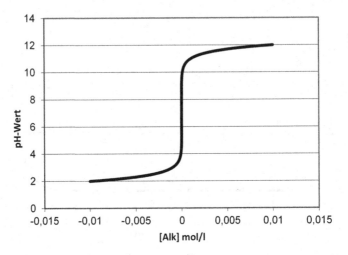

Abb. 2.2 Grafische Darstellung von Gl. (2.29). (© Gerhard Hobiger)

2.4 Das offene System

Unter einem offenen System versteht man in der Thermodynamik ein System, das mit der Umgebung sowohl einen Energie- als auch einen Stoffaustausch durchführen kann (Kortüm und Lachmann 1981). Angewandt auf die Wasserchemie bedeutet dies eine Wechselwirkung eines Gewässers mit den Gesteinen und der Atmosphäre. Beispiele für solche Stoffaustausche sind die Lösungs- und Ausfällungsreaktionen bei der Bildung von Verkarstungen. Dabei spielen sowohl Wechselwirkungen mit dem Festgestein als auch mit der Atmosphäre eine wesentliche Rolle. Gleichzeitig findet bei jeder chemischen Reaktion auch ein Energietransfer statt. Ein typisches Beispiel für ein offenes System ist ein Fließgewässer, das mit der Atmosphäre im Gleichgewicht steht.

Literatur

Appelo CAJ, Postma D (2005) Geochemistry, groundwater and pollution, 2nd edn. A. A. Balkema Publishers, Leiden

Bliefert C (1978) pH-Wert Berechnungen. Chemie, Weinheim

Eberle SH, Donnert D (1991) Die Berechnung des pH-Wertes der Calcitsättigung eines Trinkwassers unter Berücksichtigung der Komplexbildung. Z Wasser Abwasser Forsch 24:258–268

Eberle SH, Hennes Ch, Dehnad F (1982) Berechnung und experimentelle Prüfung eines komplexchemischen Modells der Hauptkonstituenten des Rheinwassers. Z Wasser Abwasser Forsch 15:217–229

Galster H (1990) pH-Messung – Grundlagen, Methoden, Anwendungen, Geräte. Chemie, Weinheim

Hobiger G (1996) Ammoniak in Wasser – Ableitung einer Formel zur Berechnung von Ammoniak in wässrigen Lösungen. (Berichte des Umweltbundesamtes (UBA-BE-076)), Wien

Hobiger G (1997) Kohlensäure in Wasser – Theoretische Hintergründe zu den in der Wasseranalytik verwendeten Parametern, 2. Aufl. (Berichte des Umweltbundesamtes (BE-086a)), Wien

Höll K (1986) Wasser – Untersuchung, Beurteilung, Aufbereitung, Chemie, Bakteriologie, Biologie. de Gruyter, Berlin

Hütter LA (1990) Wasser und Wasseruntersuchungen, 4. Aufl. Salle, Frankfurt a. M.

Kahlert H, Scholz F (2014) Säure-Basen-Diagramme, Ein Leitfaden für die Praxis und für Studierende. Springer-Spektrum, Berlin

Kortüm G (1966) Lehrbuch der Elektrochemie. Chemie, Weinheim

Kortüm G, Lachmann H (1981) Einführung in die chemische Thermodynamik –Phänomenologische und statistische Behandlung, 7. Aufl. Chemie, Weinheim; (Vandenhoeck & Ruprecht, Göttingen)

Lahav O, Morgan B, Loewenthal R (2001) Measurement of pH, alkalinity and acidity in ultra-soft waters. Water SA 27:423–431

Sigg L, Stumm W (2011) Eine Einführung in die Chemie wässriger Lösungen und natürlicher Gewässer, 5. Aufl. vdf, Hochschulverlag an der ETH, Zürich

Stumm W, Morgan B (1996) Aquatic Chemistry – Chemical Equilibria and Rates in Natural Waters, 3rd edn. Wiley, New York

Das offene System von Kohlendioxid in Wasser mit Alkalinität 3

3.1 Definition des Systems

Es wird eine wässrige Lösung mit einer bestimmten Alkalinität in eine Atmosphäre, in der Kohlendioxid mit einem bestimmten Partialdruck und in unbeschränkter Menge vorhanden ist, gebracht. Des Weiteren soll es sich daher um ein offenes System (Kortüm und Lachmann 1981) handeln. Die resultierende Lösung besitzt dann einen bestimmten pH-Wert. Dabei wird angenommen, dass sich das gesamte System im thermodynamischen Gleichgewicht befindet. Dies entspricht näherungsweise einem Fließgewässer, das mit der Atmosphäre wechselwirkt (Appelo und Postma 2005; Grohmann 1971a, b, 1973, 1974; Grohmann und Althoff 1975; Hobiger 1997; Höll 1986; Hütter 1990; Kölle 2001; Lahav et al. 2001; Quentin 1988; Rump 1998; Sigg und Stumm 2011; Stumm und Morgan 1996; Tillmanns und Heubleins 1912).

3.2 Chemie des Systems

In dem oben definierten System löst sich im ersten Schritt das Kohlendioxid (CO_2) gemäß dem Henry'schen Gesetz (Kortüm und Lachmann 1981). Es wird angenommen, dass CO_2 in beliebiger Menge zur Verfügung steht. Mathematisch bedeutet das, dass „unendlich" viel vorhanden ist. Nachdem Kohlendioxid gelöst wird, bildet sich zwischen Kohlendioxid und Wasser eine lockere Additionsverbindung, die sich weiter zur Kohlensäure (H_2CO_3) umsetzt. Durch die Instabilität des Kohlensäuremoleküls[1] liegen bei 25 °C nur etwa 0,3 % des gelösten Kohlendioxids als Kohlensäure vor (Hobiger 1997; Sigg und Stumm 2011; Stumm und Morgan 1996).

---

[1] Nach neueren Forschungen über die Kohlensäure ist es gelungen, sie rein darzustellen. Weitere genauere Angaben über die Herstellung, Struktur und Eigenschaften findet man in Holleman-Wiberg 2007.

© Springer-Verlag Berlin Heidelberg 2015
G. Hobiger, *Kohlendioxid in Wasser mit Alkalinität*,
DOI 10.1007/978-3-662-45466-4_3

Für diesen ersten Schritt gilt daher folgendes chemische Gleichgewicht:

$$(CO_2)_g + (H_2O)_{fl} \leftrightarrow (CO_2)_{aq} \leftrightarrow (H_2CO_3)^* \tag{3.1}$$

$(CO_2)_{aq} \ldots$ lockere Additionsverbindung mit Wasser

$(H_2CO_3)^* \ldots$ undissoziierte Kohlensäure

Die Summe aus der lockeren Additionsverbindung und der undissoziierten Kohlensäure wird im Folgenden als „Kohlensäure – H_2CO_3" definiert (Gl. 3.3). Mit dieser Definition der Kohlensäure ergeben sich folgende chemischen Gleichungen:

$$(CO_2)_g + (H_2O)_{fl} \leftrightarrow H_2CO_3 \tag{3.2}$$

mit:

$$H_2CO_3 = (CO_2)_{aq} + (H_2CO_3)^* \tag{3.3}$$

Wie aus den Gl. (3.2 und 3.3) erkennbar ist, bildet das in Wasser gelöste Kohlendioxid zunächst eine Lösung von undissoziierter Kohlensäure. Durch die Instabilität der Kohlensäure liegt das Gleichgewicht (3.1) auf der Seite der Edukte. In weiterer Folge dissoziiert die zu geringen Anteilen entstandene undissoziierte Kohlensäure $(H_2CO_3)^*$ in zwei Stufen zu Hydrogencarbonationen (HCO_3^-) und zu Carbonationen (CO_3^{2-}) und jeweils ein Wasserstoffion (H^+).

Die chemische Gleichung für die 1. Dissoziationsstufe lautet:

$$H_2CO_3 \leftrightarrow H^+ + HCO_3^- \tag{3.4}$$

und analog gilt für die 2. Dissoziationsstufe:

$$HCO_3^- \leftrightarrow H^+ + CO_3^{2-} \tag{3.5}$$

Diese Dissoziationen laufen aufgrund der mittelstarken Säurestärke nur unvollständig ab, d. h. die chemischen Gleichgewichte liegen auch hier mehr auf der Seite der Edukte. Insgesamt resultiert daher eine wesentlich geringere Säurestärke, als es einer mittelstarken Säure entsprechen würde.

3.3 Mathematische Behandlung des offenen Systems mit Alkalinität

Aufgrund der Wichtigkeit des Kohlensäuregleichgewichtes in der Hydrochemie beschäftigen sich die Chemiker schon lange mit der Bestimmung und anschließenden Berechnung der Kohlensäure und deren Anionen im Wasser (Appelo und Postma 2005; Benischke et al. 1996; Byrne und Laurie 1999, DIN 38404-10 Dezember 2012; Dreybrodt et al. 1996; Duan und Sun 2003; Eberle et al. 1982; Eberle und Donnert 1991; Grohmann 1971a, b, 1973, 1974; Grohmann und Althoff 1975; Henrich 1902; Herczeg und Hesslein 1984; Hobiger 1997; Höll 1986; Hütter 1990; Kölle

2001; Lahav et al. 2001; Plummer und Busenberg 1982; Plummer und Sundquist 1982; Quentin 1988; Reardon und Langmuir 1976; Rump 1998; Schleifer 1986; Sigg und Stumm 2011; Stumm und Morgan 1996). Eine wichtige Frage ist, ob ein Wasser aggressiv ist. Um dies zu berechnen, wurden von Tillmanns Versuche durchgeführt, woraus die Tillmans-Kurve resultierte, mit der festgestellt werden kann, ob ein Wasser aggressiv oder kalkabscheidend ist (Tillmanns und Heubleins 1912). Es wurden verschiedene Parameter definiert und normiert, um ein Wasser zu charakterisieren (DIN 38404-10 Dezember 2012), (Grohmann 1971a, b, 1973, 1974). Einen Überblick und die theoretische Deutung der einzelnen Parameter findet man in Hobiger 1997.

In den vorigen Kapiteln wurden die Grundlagen geschaffen, um nun das offene System mit Alkalinität mathematisch zu behandeln.

Im Rahmen der Berechnungen sollen folgende Fragen beantwortet werden:

1. Wie viele Variablen müssen bekannt sein, um das System vollständig zu beschreiben? (D. h. wie viele Freiheitsgrade besitzt das System?)
2. Welche Variablen kann man in der Praxis vorgeben?
3. Wie viele mathematische Beziehungen gibt es in diesem System?
4. Wie lauten alle möglichen expliziten mathematischen Beziehungen in diesem System?
5. Welche Beziehungen sind in der chemischen Praxis sinnvoll anwendbar?

Wie schon erwähnt, ist der erste Schritt die Lösung des Kohlendioxids in der wässrigen Phase. Thermodynamisch lässt sich dieses Lösungsgleichgewicht mit dem Henry'schen Gesetz mathematisch beschreiben (Kortüm und Lachmann 1981). Dieses Gesetz besagt, dass die Konzentration der Kohlensäure in der flüssigen Phase direkt proportional dem Partialdruck des Kohlendioxids über der Lösung ist. Es gilt daher die folgende mathematische Gleichung:

$$[H_2CO_3] = K_H p_{CO_2} \qquad (3.6)$$

K_H... Henry-Konstante

Die nächsten Schritte sind die Dissoziationen in Hydrogencarbonationen (1. Dissoziationsstufe – Gl. 3.4) und in Carbonationen (2. Dissoziationsstufe – Gl. 3.5). Mathematisch lassen sich diese Dissoziationsgleichgewichte durch die beiden thermodynamischen Gleichgewichtskonstanten K_1 und K_2 beschreiben, die wie folgt definiert sind:

$$\frac{[H^+][HCO_3^-]}{[H_2CO_3]} = K_1 \qquad (3.7)$$

$$\frac{[H^+][CO_3^{2-}]}{[HCO_3^-]} = K_2 \qquad (3.8)$$

Um nun dieses chemische System vollständig mathematisch zu beschreiben, müssen neben dem Henry'schen Gesetz (Gl. 3.6) und den beiden Dissoziationsgleichge-wichten (Gl. 3.7 und 3.8) auch das Ionenprodukt des Wassers (Gl. 2.15) und die Ladungsbilanz (Gl. 2.17), die wie im vorigen Kapitel gezeigt wurde, der Alkalinität äquivalent ist, berücksichtigt werden.

Die Definitionen des Ionenproduktes des Wassers und die der Ladungsbilanz bzw. der Alkalinität lauten gemäß den Gl. (2.15 und 2.17):

$$[H^+][OH^-] = K_W \tag{2.15}$$

$$[Alk] = [HCO_3^-] + 2[CO_3^{2-}] + [OH^-] - [H^+] \tag{2.17}$$

Wie bereits im Kap. 2.2 erläutert, ist bei bekanntem pH-Wert wegen des Ionenproduk-tes des Wassers auch die Hydroxidionenkonzentration determiniert. Dadurch kann zur Vereinfachung das Ionenprodukt vom Wasser (2.15) in die Gl. (2.17) eingesetzt werden, woraus man für die Alkalinität folgende Beziehung erhält:

$$[Alk] = [HCO_3^-] + 2[CO_3^{2-}] + \frac{K_W}{[H^+]} - [H^+] \tag{3.9}$$

Von dieser Grundgleichung der Alkalinität wird im Folgenden immer ausgegangen.

Fasst man nun alle Gleichungen, die zur Lösung des offenen Systems Koh-lendioxid in Wasser mit Alkalinität dienen, zusammen, so erhält man folgendes Gleichungssystem mit 4 Gleichungen und 6 Unbekannten:

Henry'sches Gesetz

$$[H_2CO_3] = K_H p_{CO_2} \tag{3.6}$$

1. Dissoziationskonstante

$$\frac{[H^+][HCO_3^-]}{[H_2CO_3]} = K_1 \tag{3.7}$$

2. Dissoziationskonstante

$$\frac{[H^+][CO_3^{2-}]}{[HCO_3^-]} = K_2 \tag{3.8}$$

Alkalinität

$$[Alk] = [HCO_3^-] + 2[CO_3^{2-}] + \frac{K_W}{[H^+]} - [H^+] \tag{3.9}$$

Die 6 Unbekannten sind:

1. Partialdruck von Kohlendioxid in atm p_{CO_2},
2. Kohlensäurekonzentration in mol/l $[H_2CO_3]$,
3. Wasserstoffionenkonzentration in mol/l $[H^+]$,
4. Hydrogencarbonatkonzentration in mol/l $[HCO_3^-]$,
5. Carbonatkonzentration in mol/l $[CO_3^{2-}]$
6. Alkalinität in mol/l [Alk]

3.3.1 Temperaturabhängigkeit der Gleichgewichtskonstanten

Wie aus der Thermodynamik bekannt, sind alle Gleichgewichtskonstanten temperaturabhängig. Für die verwendeten Konstanten K_H, K_1, K_2 und K_W werden folgende Termperaturabhängigkeiten verwendet:
Henry'sche Konstante K_H:

$$pK_H = 108,3865 + 0,01985076^*T - \frac{6919,53}{T} - 40,45154^*\lg(T) + \frac{669365}{T^2}$$
$$(3.10)$$

Diese Gleichung wurde aus Plummer und Busenberg 1982 entnommen.

Die Temperaturabhängigkeiten der beiden Dissoziationskonstanten K_1, K_2 sowie vom Ionenprodukt des Wassers K_W werden über die Van't-Hoff-Gleichung berechnet:

$$pK_1 = pK_1^0 + A_1\left(\frac{1}{298,15} - \frac{1}{T}\right) - B_1\left(\ln\frac{T}{298,15} + \frac{298,15}{T} - 1\right) \quad (3.11)$$

$$pK_2 = pK_2^0 + A_2\left(\frac{1}{298,15} - \frac{1}{T}\right) - B_2\left(\ln\frac{T}{298,15} + \frac{298,15}{T} - 1\right) \quad (3.12)$$

$$pK_W = pK_W^0 + A_W\left(\frac{1}{298,15} - \frac{1}{T}\right) - B_w\left(\ln\frac{T}{298,15} + \frac{298,15}{T} - 1\right) \quad (3.13)$$

T . . . absolute Temperatur in K
R . . . universelle Gaskonstante 8,314 J/(mol K)
ln(. . .) . . . natürlicher Logarithmus
Die Konstanten $pK_i^0 A_i$, B_i (i = 1, 2, und W) sind in der DIN 38404-10 Dezember 2012 tabellarisch aufgelistet und wurden für die Berechnungen verwendet.
Den mathematischen Hintergrund und dessen Ableitung aus der Thermodynamik findet sich in Kortüm und Lachmann 1981.
Die folgenden Grafiken zeigen die Temperaturabhängigkeiten von pK_H, pK_1, pK_2, pK_w sowie von K_H, K_1, K_2 und K_w (Abb. 3.1, 3.2, 3.3, 3.4 und 3.5):

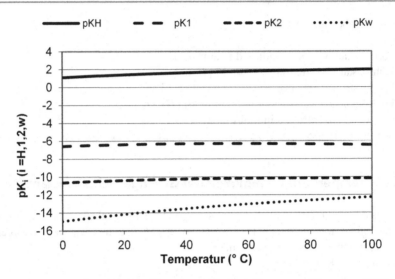

Abb. 3.1 Temperaturabhängigkeit der Konstanten pK_H (nach Plummer und Busenberg 1982) und pK_1, pK_2, pK_W (nach DIN 38404-10 Dezember 2012). (© Gerhard Hobiger)

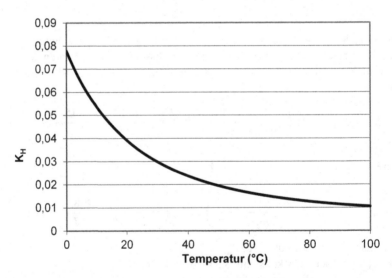

Abb. 3.2 Temperaturabhängigkeit der Henry'schen Konstanten für Kohlendioxid in Wasser (nach Plummer und Busenberg 1982). (© Gerhard Hobiger)

Zur Berechnung der Konstanten wurden in den folgenden Kapiteln direkt die Gl. (3.10–3.13) mit den entsprechenden Konstanten aus der DIN 38404-10 Dezember 2012 verwendet. Für 25 °C ergeben sich die in der Tab. 3.1 angeführten Werte.

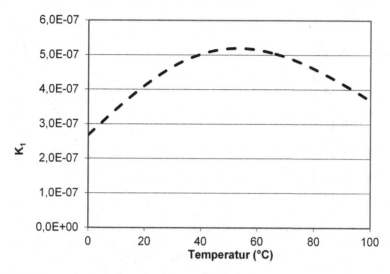

Abb. 3.3 Temperaturabhängigkeit der 1. Dissoziationskonstanten der Kohlensäure (nach DIN 38404-10 Dezember 2012). (© Gerhard Hobiger)

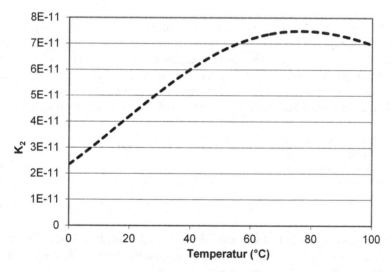

Abb. 3.4 Temperaturabhängigkeit der 2. Dissoziationskonstanten der Kohlensäure (nach DIN 38404-10 Dezember 2012). (© Gerhard Hobiger)

3.3.2 Allgemeine mathematische Berechnung des Gleichungssystems (3.6– 3.9)

Das Gleichungssystem (3.6–3.9) besteht aus 4 Gleichungen mit 6 Unbekannten. Die Differenz der Zahl der Unbekannten und der Anzahl der Gleichungen ergibt

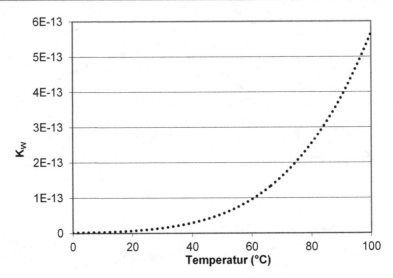

Abb. 3.5 Temperaturabhängigkeit des Ionenproduktes des Wassers (nach DIN 38404-10 Dezember 2012). (© Gerhard Hobiger)

den Freiheitsgrad des Gleichungssystems. In Fall des Gleichungssystems Gl. (3.6–3.9) beträgt der Freiheitsgrad 2, was aus mathematischer Sicht bedeutet, dass 2 voneinander unabhängige Variablen vorgegeben werden müssen, um das gesamte Gleichungssystem eindeutig bestimmen zu können. Die Betonung liegt auf „mathematisch", denn wie später gezeigt werden wird, können in chemisch sinnvoller Weise nur bestimmte Variablen voneinander unabhängig vorgegeben werden.

Tab. 3.1 Zahlenwerte der Konstanten bei 25 °C, die bei der numerischen Berechnung verwendet wurden

pK_H	$-1,467939891$	K_H	$0,034045531$
pK_1	$-6,356$	K_1	$4,40555\text{E-}07$
pK_2	$-10,329$	K_2	$4,68813\text{E-}11$
pK_w	$-13,996$	K_w	$1,00925\text{E-}14$

Die nächste Frage richtet sich nach der Anzahl der möglichen Beziehungen mit jeweils 2 unabhängigen Variablen. Dies kann mithilfe der Kombinatorik bestimmt werden, wie im Folgenden gezeigt wird.

Da das System 2 Freiheitsgrade besitzt, müssen zur Berechnung einer beliebigen Variablen immer 2 andere vorgegeben werden. Daher ergeben sich immer Kombinationen aus drei Variablen, die den impliziten Gleichungen entsprechen, wie z. B.:

$$f\left(p_{CO_2}, [H^+], [Alk]\right) = 0, f\left(p_{CO_2}, [H^+], [HCO_3^-]\right) = 0, f\left([H^+], [CO_3^{2-}], [Alk]\right) = 0, \ldots$$

Um zu bestimmen, wie viele solche impliziten Gleichungen möglich sind, muss folgendes kombinatorisches Problem gelöst werden:

Wie viele Möglichkeiten gibt es, wenn aus 6 Elementen (in unserem Fall die Variablen), jeweils 3 Elemente ohne Wiederholung und (zunächst) ohne bestimmte Reihenfolge entnommen werden? Die Reihenfolge ist zunächst egal, da es für die mathematische Schreibweise irrelevant ist, ob die implizite Funktion $f(p_{CO_2}, [H^+], [Alk]) = 0$ bzw. $f([Alk], p_{CO_2}, [H^+]) = 0$ usw. geschrieben wird. In der Kombinatorik wird dies als Kombination von n Elementen zur k-ten Klasse $C_n^{(k)}$ mit $n = 6$ und $k = 3$ bezeichnet. Die Anzahl der Kombinationen wird nach folgender kombinatorischer Gleichung berechnet:

$$C_n^{(k)} = \binom{n}{k} = \frac{n!}{k!(n-k)!} \qquad (3.14)$$

Mathematisch ist dies der sogenannte Binomialkoeffizient.

Setzt man für n und k ein, ergibt sich:

$$C_6^{(3)} = \binom{6}{3} = \frac{6!}{3!(6-3)!} = 20 \qquad (3.15)$$

Es gibt daher 20 Kombinationen – die den impliziten Funktionen entsprechen – mit jeweils 3 unterschiedlichen Variablen. Dabei ist aber zu beachten, dass, wegen der 2 Freiheitsgrade jeweils 2 davon vorgegeben werden müssen, um die dritte Variable zu berechnen.

Zur Vereinfachung der Schreibweise werden die Variablen durchnummeriert, sodass die einzelnen Variablen den Zahlen 1 bis 6 entsprechen:

$$p_{CO_2} \rightarrow 1$$

$$[H_2CO_3] \rightarrow 2$$

$$[H^+] \rightarrow 3$$

$$[HCO_3^-] \rightarrow 4$$

$$[CO_3^{2-}] \rightarrow 5$$

$$[Alk] \rightarrow 6$$

Die sich daraus ergebenden 20 Kombinationen sind in Tab. 3.2 aufgelistet (Kombinationen werden im Folgenden immer in Spitzklammern dargestellt). Da es zunächst nicht auf die Reihenfolge ankommt, werden die Zahlen in der Spitzklammer der einzelnen Kombinationen in aufsteigender Reihenfolge geordnet.

Nun muss die Tatsache berücksichtigt werden, dass die Konzentration der Kohlensäure über das Henry'sche Gesetz (Gl. 3.6) nur vom Partialdruck abhängt. Es ist also nicht möglich, den Partialdruck und die Konzentration an Kohlensäure unabhängig voneinander vorzugeben, da immer das eine jeweils das andere bestimmt.

Tab. 3.2 Die einzelnen Kombinationen, deren Symbole und die entsprechenden impliziten Gleichungen für den allgemeinen Fall mit Alkalinität

Kombination	Symbol	Implizite Gleichung
Kombination 1	< 1,2,3 >	$f(p_{CO_2}, [H_2CO_3], [H^+]) = 0$
Kombination 2	< 1,2,4 >	$f(p_{CO_2}, [H_2CO_3], [HCO_3^-]) = 0$
Kombination 3	< 1,2,5 >	$f(p_{CO_2}, [H_2CO_3], [CO_3^{2-}]) = 0$
Kombination 4	< 1,2,6 >	$f(p_{CO_2}, [H_2CO_3], [Alk]) = 0$
Kombination 5	< 1,3,4 >	$f(p_{CO_2}, [H^+], [HCO_3^-]) = 0$
Kombination 6	< 1,3,5 >	$f(p_{CO_2}, [H^+], [CO_3^{2-}]) = 0$
Kombination 7	< 1,3,6 >	$f(p_{CO_2}, [H^+], [Alk]) = 0$
Kombination 8	< 1,4,5 >	$f(p_{CO_2}, [HCO_3^-], [CO_3^{2-}]) = 0$
Kombination 9	< 1,4,6 >	$f(p_{CO_2}, [HCO_3^-], [Alk]) = 0$
Kombination 10	< 1,5,6 >	$f(p_{CO_2}, [CO_3^{2-}], [Alk]) = 0$
Kombination 11	< 2,3,4 >	$f([H_2CO_3], [H^+], [HCO_3^-]) = 0$
Kombination 12	< 2,3,5 >	$f([H_2CO_3], [H^+], [CO_3^{2-}]) = 0$
Kombination 13	< 2,3,6 >	$f([H_2CO_3], [H^+], [Alk]) = 0$
Kombination 14	< 2,4,5 >	$f([H_2CO_3], [HCO_3^-], [CO_3^{2-}]) = 0$
Kombination 15	< 2,4,6 >	$f([H_2CO_3], [HCO_3^-], [Alk]) = 0$
Kombination 16	< 2,5,6 >	$f([H_2CO_3], [CO_3^{2-}], [Alk]) = 0$
Kombination 17	< 3,4,5 >	$f([H^+], [HCO_3^-], [CO_3^{2-}]) = 0$
Kombination 18	< 3,4,6 >	$f([H^+], [HCO_3^-], [Alk]) = 0$
Kombination 19	< 3,5,6 >	$f([H^+], [CO_3^{2-}], [Alk]) = 0$
Kombination 20	< 4,5,6 >	$f([HCO_3^-], [CO_3^{2-}], [Alk]) = 0$

Die Konzentration der Kohlensäure $[H_2CO_3]$ kann daher nicht unabhängig vom Partialdruck des Kohlendioxids p_{CO_2} gewählt werden und umgekehrt, da sie direkt über das Henry'sche Gesetz (Gl. 3.6) zusammenhängen. Daher fallen nun alle Kombinationen, die gleichzeitig die Variablen p_{CO_2} und $[H_2CO_3]$ enthalten, weg. Dies betrifft alle Kombinationen, bei denen im Symbol die Zahlen 1 und 2 gleichzeitig enthalten sind:

Kombination 1: $< 1,2,3 > \overset{\wedge}{=} f(p_{CO_2}, [H_2CO_3], [H^+]) = 0$

Kombination 2: $< 1,2,4 > \overset{\wedge}{=} f(p_{CO_2}, [H_2CO_3], [HCO_3^-]) = 0$

Kombination 3: $< 1,2,5 > \overset{\wedge}{=} f(p_{CO_2}, [H_2CO_3], [CO_3^{2-}]) = 0$

Kombination 4: $< 1,2,6 > \overset{\wedge}{=} f(p_{CO_2}, [H_2CO_3], [Alk]) = 0$

Tab. 3.3 Die chemisch möglichen Systeme, die zugehörigen Kombinationen, deren Symbole und die entsprechenden impliziten Gleichungen für den allgemeinen Fall mit Alkalinität

System	Kombination	Symbol	Implizite Gleichung
System 1	Kombination 5	$< 1,3,4 >$	$f(p_{CO_2}, [H^+], [HCO_3^-]) = 0$
System 2	Kombination 6	$< 1,3,5 >$	$f(p_{CO_2}, [H^+], [CO_3^{2-}]) = 0$
System 3	Kombination 7	$< 1,3,6 >$	$f(p_{CO_2}, [H^+], [Alk]) = 0$
System 4	Kombination 8	$< 1,4,5 >$	$f(p_{CO_2}, [HCO_3^-], [CO_3^{2-}]) = 0$
System 5	Kombination 9	$< 1,4,6 >$	$f(p_{CO_2}, [HCO_3^-], [Alk]) = 0$
System 6	Kombination 10	$< 1,5,6 >$	$f(p_{CO_2}, [CO_3^{2-}], [Alk]) = 0$
System 7	Kombination 11	$< 2,3,4 >$	$f([H_2CO_3], [H^+], [HCO_3^-]) = 0$
System 8	Kombination 12	$< 2,3,5 >$	$f([H_2CO_3], [H^+], [CO_3^{2-}]) = 0$
System 9	Kombination 13	$< 2,3,6 >$	$f([H_2CO_3], [H^+], [Alk]) = 0$
System 10	Kombination 14	$< 2,4,5 >$	$f([H_2CO_3], [HCO_3^-], [CO_3^{2-}]) = 0$
System 11	Kombination 15	$< 2,4,6 >$	$f([H_2CO_3], [HCO_3^-], [Alk]) = 0$
System 12	Kombination 16	$< 2,5,6 >$	$f([H_2CO_3], [CO_3^{2-}], [Alk]) = 0$
System 13	Kombination 17	$< 3,4,5 >$	$f([H^+], [HCO_3^-], [CO_3^{2-}]) = 0$
System 14	Kombination 18	$< 3,4,6 >$	$f([H^+], [HCO_3^-], [Alk]) = 0$
System 15	Kombination 19	$< 3,5,6 >$	$f([H^+], [CO_3^{2-}], [Alk]) = 0$
System 16	Kombination 20	$< 4,5,6 >$	$f([HCO_3^-], [CO_3^{2-}], [Alk]) = 0$

Somit verbleiben 16 Kombinationen, welche in Tab. 3.3 als Systeme 1 bis 16 bezeichnet werden.

Die übrig gebliebenen 16 Kombinationen stellen nun alle möglichen impliziten Funktionen im Kohlensäure-Wasser-Gleichgewicht mit Alkalinität dar. Um die Anzahl der daraus möglichen expliziten Funktionen mit jeweils zwei vorgegeben Variablen zu erhalten, ist die Reihenfolge der Variablen in den einzelnen Kombinationen zu berücksichtigen. Folgende Symbolik soll dabei definiert werden.

Eine Funktion mit den beiden unabhängigen Variablen 2 und 3, mit denen die abhängige Variable 4 berechnet wird, schreibt man in der Mathematik als 4 = f(2, 3). In der Symbolik soll das als {4, 2, 3} bezeichnet werden (die expliziten Darstellungen sollen in geschwungenen Klammern dargestellt werden). Dabei ist es egal, in welcher Reihenfolge die zweite bzw. dritte Variable steht. Es gilt also: 4 = f(2, 3) ist identisch mit 4 = f(3, 2) oder symbolisch: {4, 2, 3} = {4, 3, 2}. Wichtig ist also nur die erste Stelle.

Die Frage nach der Anzahl der möglichen expliziten Gleichungen kann nun ebenfalls mithilfe der Kombinatorik beantwortet werden. Es ergibt sich daher folgende kombinatorische Frage.

Wie viele Anordnungsmöglichkeiten ohne Wiederholung gibt es zu jeder Kombination mit jeweils 3 Elementen?

In der Kombinatorik heißt die Anzahl der Anordnungsmöglichkeiten von n Elementen ohne Wiederholung die Permutation P(n) und es gilt folgende mathematische Beziehung:

$$P(n) = n! \tag{3.16}$$

wobei

$$n! = 1 * 2 * 3 * \dots (n-1) * n \tag{3.17}$$

die Fakultät von n bedeutet.

Für $n = 3$ erhält man daher:

$$P(3) = 3! = 6 \tag{3.18}$$

Zu jedem System gibt es somit 6 verschiedene Permutationen.

Schließlich muss noch die Vertauschbarkeit der zweiten und dritten Stelle berücksichtigt werden. Dadurch kommt jede Funktion in der Permutation zweimal vor, wodurch sich die Anzahl auf die Hälfte reduziert. Pro System sind daher nur 3 verschiedene explizite Funktionen möglich und in der Folge, da es 16 Systeme gibt, insgesamt 48 explizite Gleichungen, deren Symbole in der Tab. 3.4 aufgelistet sind. Auch hier werden die Nummerierungen der beiden unabhängigen Variablen in aufsteigender Reihenfolge angeordnet.

Tab. 3.4 Zusammenhang zwischen System, Permutation und expliziter Gleichung

System	Permutation	Explizite Gleichung
System 1 < 1,3,4 >	$\{1, 3, 4\}$	$p_{CO_2} = f([H^+], [HCO_3^-])$
$f(p_{CO_2}, [H^+], [HCO_3^-]) = 0$	$\{3, 1, 4\}$	$[H^+] = f(p_{CO_2}, [HCO_3^-])$
(Kombination 5)	$\{4, 1, 3\}$	$[HCO_3^-] = f(p_{CO_2}, [H^+])$
System 2 < 1,3,5 >	$\{1, 3, 5\}$	$p_{CO_2} = f([H^+], [CO_3^{2-}])$
$f(p_{CO_2}, [H^+], [CO_3^{2-}]) = 0$	$\{3, 1, 5\}$	$[H^+] = f(p_{CO_2}, [CO_3^{2-}])$
(Kombination 6)	$\{5, 1, 3\}$	$[CO_3^{2-}] = f(p_{CO_2}, [H^+])$
System 3 < 1,3,6 >	$\{1, 3, 6\}$	$p_{CO_2} = f([H^+], [Alk])$
$f(p_{CO_2}, [H^+], [Alk]) = 0$	$\{3, 1, 6\}$	$[H^+] = f(p_{CO_2}, [Alk])$
(Kombination 7)	$\{6, 1, 3\}$	$[Alk] = f(p_{CO_2}, [H^+])$
System 4 < 1,4,5 >	$\{1, 4, 5\}$	$p_{CO_2} = f([HCO_3^-], [CO_3^{2-}])$
$f(p_{CO_2}, [HCO_3^-], [CO_3^{2-}]) = 0$	$\{4, 1, 5\}$	$[HCO_3^-] = f(p_{CO_2}, [CO_3^{2-}])$
(Kombination 8)	$\{5, 1, 4\}$	$[CO_3^{2-}] = f(p_{CO_2}, [HCO_3^-])$
System 5 < 1,4,6 >	$\{1, 4, 6\}$	$p_{CO_2} = f([HCO_3^-], [Alk])$
$f(p_{CO_2}, [HCO_3^-], [Alk]) = 0$	$\{4, 1, 6\}$	$[HCO_3^-] = f(p_{CO_2}, [Alk])$
(Kombination 9)	$\{6, 1, 4\}$	$[Alk] = f(p_{CO_2}, [HCO_3^-])$

Tab. 3.4 (Fortsetzung)

System	Permutation	Explizite Gleichung
System 6 < 1,5,6 > $f(p_{CO_2}, [CO_3^{2-}], [Alk]) = 0$ (Kombination 10)	$\{1, 5, 6\}$ $\{5, 1, 6\}$ $\{6, 1, 5\}$	$p_{CO_2} = f([CO_3^{2-}], [Alk])$ $[CO_3^{2-}] = f(p_{CO_2}, [Alk])$ $[Alk] = f(p_{CO_2}, [CO_3^{2-}])$
System 7 < 2,3,4 > $f([H_2CO_3], [H^+], [HCO_3^-]) = 0$ (Kombination 11)	$\{2, 3, 4\}$ $\{3, 2, 4\}$ $\{4, 2, 3\}$	$[H_2CO_3] = f([H^+], [HCO_3^-])$ $[H^+] = f([H_2CO_3], [HCO_3^-])$ $[HCO_3^-] = f([H_2CO_3], [H^+])$
System 8: < 2,3,5 > $f([H_2CO_3], [H^+], [CO_3^{2-}]) = 0$ (Kombination 12)	$\{2, 3, 5\}$ $\{3, 2, 5\}$ $\{5, 2, 3\}$	$[H_2CO_3] = f([H^+], [CO_3^{2-}])$ $[H^+] = f([H_2CO_3], [CO_3^{2-}])$ $[CO_3^{2-}] = f([H_2CO_3], [H^+])$
System 9: < 2,3,6 > $f([H_2CO_3], [H^+], [Alk]) = 0$ (Kombination 13)	$\{2, 3, 6\}$ $\{3, 2, 6\}$ $\{6, 2, 3\}$	$[H_2CO_3] = f([H^+], [Alk])$ $[H^+] = f([H_2CO_3], [Alk])$ $[Alk] = f([H_2CO_3], [H^+])$
System 10: < 2,4,5 > $f([H_2CO_3], [HCO_3^-], [CO_3^{2-}]) = 0$ (Kombination 14)	$\{2, 4, 5\}$ $\{4, 2, 5\}$ $\{5, 2, 4\}$	$[H_2CO_3] = f([HCO_3^-], [CO_3^{2-}])$ $[HCO_3^-] = f([H_2CO_3], [CO_3^{2-}])$ $[CO_3^{2-}] = f([H_2CO_3], [HCO_3^-])$
System 11: < 2,4,6 > $f([H_2CO_3], [HCO_3^-], [Alk]) = 0$ (Kombination 15)	$\{2, 4, 6\}$ $\{4, 2, 6\}$ $\{6, 2, 4\}$	$[H_2CO_3] = f([HCO_3^-], [Alk])$ $[HCO_3^-] = f([H_2CO_3], [Alk])$ $[Alk] = f([H_2CO_3], [HCO_3^-])$
System 12: < 2,5,6 > $f([H_2CO_3], [CO_3^{2-}], [Alk]) = 0$ (Kombination 16)	$\{2, 5, 6\}$ $\{5, 2, 6\}$ $\{6, 2, 5\}$	$[H_2CO_3] = f([CO_3^{2-}], [Alk])$ $[CO_3^{2-}] = f([H_2CO_3], [Alk])$ $[Alk] = f([H_2CO_3], [CO_3^{2-}])$
System 13: < 3,4,5 > $f([H^+], [HCO_3^-], [CO_3^{2-}]) = 0$ (Kombination 17)	$\{3, 4, 5\}$ $\{4, 3, 5\}$ $\{5, 3, 4\}$	$[H^+] = f([HCO_3^-], [CO_3^{2-}])$ $[HCO_3^-] = f([H^+], [CO_3^{2-}])$ $[CO_3^{2-}] = f([H^+], [HCO_3^-])$
System 14: < 3,4,6 > $f([H^+], [HCO_3^-], [Alk]) = 0$ (Kombination 18)	$\{3, 4, 6\}$ $\{4, 3, 6\}$ $\{6, 3, 4\}$	$[H^+] = f([HCO_3^-], [Alk])$ $[HCO_3^-] = f([H^+], [Alk])$ $[Alk] = f([H^+], [HCO_3^-])$
System 15: < 3,5,6 > $f([H^+], [CO_3^{2-}], [Alk]) = 0$ (Kombination 19)	$\{3, 5, 6\}$ $\{5, 3, 6\}$ $\{6, 3, 5\}$	$[H^+] = f([CO_3^{2-}], [Alk])$ $[CO_3^{2-}] = f([H^+], [Alk])$ $[Alk] = f([H^+], [CO_3^{2-}])$
System 16: < 4,5,6 > $f([HCO_3^-], [CO_3^{2-}], [Alk]) = 0$ (Kombination 20)	$\{4, 5, 6\}$ $\{5, 4, 6\}$ $\{6, 4, 5\}$	$[HCO_3^-] = f([CO_3^{2-}], [Alk])$ $[CO_3^{2-}] = f([HCO_3^-], [Alk])$ $[Alk] = f([HCO_3^-], [CO_3^{2-}])$

3.4 Die einzelnen Systeme im offenen System Kohlendioxid in Wasser mit Alkalinität

Im Folgenden werden alle 16 Systeme und deren 48 explizite Gleichungen abgeleitet, beschrieben und als 3D-Fläche dargestellt.

▶ Anmerkung zu den folgenden Ableitungen und grafischen Darstellungen
1. Da es sich bei den 16 Systemen um ein in sich vollkommen geschlossenes Formelsystem handelt, werden alle Systeme als gegeben angenommen. Der Vorteil davon ist, dass man dadurch die Zusammenhänge der allgemeinen Theorie schneller und leichter versteht und im Weiteren die gesamte Systematik der Systeme, die den einzelnen Gleichungen zugrunde liegen, erkennt. Der Nachteil ist, dass es dadurch notwendig wird, Gleichungen zu verwenden, die oft erst später abgeleitet werden.
2. Des Weiteren wird sich zeigen, dass aufgrund von rein chemischen Tatsachen nur einige Gleichungen in der Praxis angewandt werden können. Dies wird bei den einzelnen Gleichungen erläutert werden. Ziel ist es aber, die allgemeine Theorie darzustellen und dazu müssen alle mathematischen Möglichkeiten behandelt werden.
3. Alle Konzentrationen sind in mol/l anzugeben und beziehen sich auf den thermodynamischen Gleichgewichtszustand.
4. Bei den Ableitungen werden ideale Verhältnisse angenommen. D. h. alle Aktivitätskoeffizienten wurden gleich eins gesetzt. Daher sind sämtliche Gleichungen nur für verdünnte Lösungen und niedrige Partialdrücke gültig.
5. Es werden keine Komplexbildungen berücksichtigt. Wie Komplexbildung berücksichtigt wird, findet man in DIN 38404-10 Dezember 2012; Eberle et al. 1982; Eberle und Donnert 1991.
6. Um die erhaltenen Gleichungen veranschaulichen zu können, werden sie für 25 °C berechnet und als 3D-Grafik dargestellt. Dazu wurden die Zahlenwerte für die einzelnen Konstanten direkt mit den Gl. (3.10–3.13) berechnet. Für 25 °C entsprechen die Werte denen in Tab. 3.1.
7. Zur besseren Vorstellung der Wasserstoffionenkonzentrationen wird stattdessen immer der pH-Wert verwendet. Dadurch wird eine leichtere grafische Darstellung über mehrere Größenordnungen gewährleistet und eine leichtere Interpretation der Grafik ermöglicht.
8. Bei den 3D-Grafiken werden immer 2 Variablen vorgegeben und die dritte als 3D-Fläche dargestellt. Natürlich sind dann auch die restlichen 3 Variablen eindeutig determiniert und könnten zu den vorgegebenen Variablen ebenfalls als 3D-Fläche dargestellt werden. Um dies durchzuführen, müssen nur die entsprechenden Gleichungen der anderen Systeme verwendet werden.

9. Es wird angenommen, dass Kohlendioxid in unbeschränktem Maße (mathematisch unendlich viel) vorhanden ist. Dadurch können sich rein mathematisch (aber chemisch nicht sinnvolle) hohe Konzentrationen bzw. auch extrem hohe Partialdrücke ergeben. Für diese Fälle überschreitet man den Gültigkeitsbereich der vorgestellten Theorie, welche nur für verdünnte Lösungen und niedrige Partialdrücke Gültigkeit besitzt (siehe Punkt 4). Daher sind alle Grafiken nur im niedrigen Konzentrationsbereich bzw. Partialdruck dargestellt.

10. Bei der Berechnung können durch die extrem kleinen Werte der einzelnen Konstanten nummerische Probleme auftreten.

11. Einige Gleichungen sind quadratisch und 3. Grades. Dadurch sind auch mehr Lösungen möglich. Um die richtige Lösung zu finden, müssen auch die restlichen Parameter berechnet werden. Dadurch können die nicht realen Ergebnisse ausgeschlossen werden.

12. Um einen konsistenten Satz an Zahlenwerten der einzelnen Parameter zu erhalten, müssen immer alle Parameter berechnet werden und die richtigen Lösungen durch Auschlussverfahren ermittelt werden. In diesem Kapitel soll immer nur die Ausgangsgleichung diskutiert und grafisch dargestellt werden.

3.4.1 System 1 : $f(p_{CO_2}, [H^+], [HCO_3^-])$-Beziehungen zwischen dem Partialdruck des Kohlendioxids, der Wasserstoffionenkonzentration und der Hydrogencarbonatkonzentration

Setzt man das Henry'sche Gesetz (Gl. 3.6) in die Definitionsgleichung der ersten Dissoziationskonstante der Kohlensäure (Gl. 3.7) ein, so erhält man eine Funktion zwischen dem Partialdruck des Kohlendioxids, der Wasserstoffionenkonzentration und der Hydrogencarbonatkonzentration:

$$K_1 = \frac{[H^+][HCO_3^-]}{K_H \, p_{CO_2}} \tag{3.19}$$

Daraus lassen sich nun die einzelnen expliziten Gleichungen ausdrücken:
Für den Partialdruck des Kohlendioxids ergibt sich:

$$p_{CO_2} = \frac{[H^+][HCO_3^-]}{K_H K_1} \tag{3.20}$$

Gleichung (3.20) berechnet den Partialdruck des Kohlendioxids, der einer bestimmten Hydrogencarbonatkonzentration bei einem bestimmten pH-Wert entspricht. Mathematisch betrachtet ist dieses System sehr einfach. Eine 3D-Darstellung der Gl. (3.20) soll das verdeutlichen (Abb. 3.6):

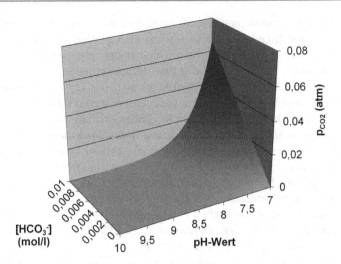

Abb. 3.6 Abhängigkeit des Partialdrucks des Kohlendioxids von der Hydrogencarbonatkonzentration und vom pH-Wert bei 25 °C – Gl. (3.20). (© Gerhard Hobiger)

Deutlich erkennt man, dass der Partialdruck mit fallendem pH-Wert stark ansteigt. Das ist die entsprechende grafische Darstellung der Verschiebung des Gleichgewichtes bei Säurezusatz zu einer Hydrogencarbonatlösung. Dadurch wird entsprechend der Gleichgewichte Kohlensäure gebildet, die, bedingt durch ihre Instabilität, in Kohlendioxid und Wasser zerfällt und somit den Partialdruck ansteigen lässt. Da diese Gleichung für jede Lösung, in der Hydrogencarbonationen vorhanden sind, gilt, kann die hohe Konzentration nur bei einer entsprechenden Alkalinität erreicht werden, die sich natürlich durch die Vorgabe der beiden Variablen Hydrogencarbonat und pH-Wert zwangsläufig ergibt.

Entsprechend erhält man für die Wasserstoffionenkonzentration:

$$[H^+] = \frac{K_1 K_H p_{CO_2}}{[HCO_3^-]} \qquad (3.21)$$

Ist der Partialdruck des Kohlendioxids und die Hydrogencarbonatkonzentration bekannt, so kann mithilfe der Gl. (3.21) die Wasserstoffionenkonzentration und somit der pH-Wert bestimmt werden.

Abbildung 3.7 zeigt die 3D-Darstellung der Gl. (3.21)

Dabei zeigt sich eine Fläche, die, je nach dem Partialdruck des Kohlendioxids und der Hydrogencarbonatkonzentration, den pH-Wert der Lösung angibt. Interessant bei Gl. (3.21) ist, dass der pH-Wert nur vom Verhältnis des Partialdruckes des Kohlendioxids und der Hydrogencarbonatkonzentration abhängig ist. Umgekehrt bedeutet dies, dass bei einem bestimmten pH-Wert ein definiertes Verhältnis zwischen Hydrogencarbonatkonzentration und Partialdruck des Kohlendioxids existiert.

Betrachtet man nun den Grenzwert der Gl. (3.21) für $p_{CO_2} \to 0$, so muss auch $[HCO_3^-] \to 0$ gehen und umgekehrt (Gl. 3.24 und 3.25). Es ergibt sich

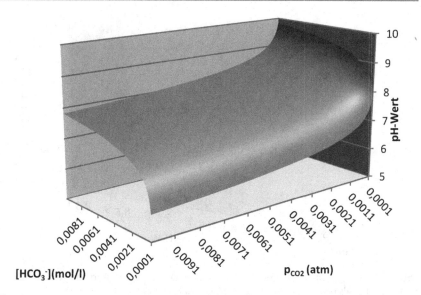

Abb. 3.7 Abhängigkeit des pH-Wertes von der Hydrogencarbonatkonzentration und vom Partial-druck des Kohlendioxids bei 25 °C – Gl. (3.21). (© Gerhard Hobiger)

daher ein unbestimmter Ausdruck der Form „0/0". Dies ist ein anderer Ausdruck dafür, dass bei der Entfernung aller Kohlensäurespezies ein beliebiger pH-Wert der resultierenden Lösung entstehen kann. Welcher pH-Wert nach Entfernung aller Kohlensäurespezies entsteht, ist nur von der Alkalinität abhängig. Wie ein pH-Wert berechnet und gemessen werden kann, (siehe Bliefert 1978; Galster 1990). Rein mathematisch kann ein beliebiges Verhältnis zwischen den beiden Variablen Hydrogencarbonatkonzentration und Partialdruck des Kohlendioxids vorgegeben werden. Dadurch wird aber eine bestimmte Alkalinität der Lösung vorausgesetzt, die durch Berechnung ermittelt werden kann. Erst dann kann man feststellen, ob die rein vom mathematischen Standpunkt vorgegebenen Zahlenwerte auch vom chemischen Gesichtspunkt einer realen Alkalinität entsprechen. Umgekehrt kann das auch wie folgt veranschaulicht werden. Als Ursprungslösung nimmt man eine wässrige carbonatfreie Lösung mit einem bestimmten pH-Wert. Gibt man diese Lösung in eine Atmosphäre, die einen bestimmten Partialdruck an Kohlendioxid besitzt, so entsteht in der Lösung entsprechend dem Gleichgewicht eine definierte Hydrogencarbonatkonzentration, woraus sich ein ganz bestimmtes Verhältnis zwischen Partialdruck des Kohlendioxids und Hydrogencarbonatkonzentration einstellt. (Anmerkung: Wie schon im Kap. 2.3 erläutert, kann sich die Alkalinität nicht ändern).

Die letzte Gleichung vom System 1 lautet:

$$[HCO_3^-] = \frac{K_1 K_H p_{CO_2}}{[H^+]} \tag{3.22}$$

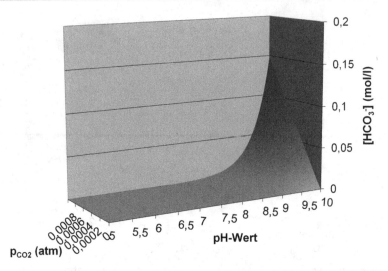

Abb. 3.8 Abhängigkeit der Hydrogencarbonatkonzentration vom pH-Wert und vom Partialdruck des Kohlendioxids bei 25 °C – Gl. (3.22). (© Gerhard Hobiger)

Mit Gl. (3.22) kann die Hydrogencarbonatkonzentration bei bekanntem pH-Wert und Partialdruck des Kohlendioxids berechnet werden. Die entsprechende 3D-Darstellung zeigt die Abbildung 3.8.

Abbildung 3.8 zeigt eine starke Zunahme der Konzentration an Hydrogencarbonat ab einem pH-Wert um 8,5. Da diese Gleichung für jede Lösung, in der Hydrogencarbonationen vorhanden sind, gilt, kann die hohe Konzentration nur bei einer entsprechenden Alkalinität erreicht werden.

Wird die Gleichung logarithmiert und verwendet die Definitionen vom pH-Wert (Gl. 2.5) und die pK-Werte (Gl. 2.6), so erhält man:

$$\lg [HCO_3^-] = \lg K_H + \lg K_1 + \lg p_{CO_2} + pH \qquad (3.23)$$

Als 3D-Fläche sieht Gl. (3.23) wie folgt aus (Abb. 3.9).

Bei konstantem Partialdruck sind in der Gleichung bis auf den pH-Wert nur Konstanten enthalten, und der Logarithmus der Hydrogencarbonatkonzentration ist eine lineare Funktion des pH-Werts mit Anstieg 1. Grafisch lässt sich diese lineare Funktion als Schnitt der Fläche bei konstantem Partialdruck darstellen. Die folgende Abb. 3.10 zeigt diesen Schnitt bei einem Partialdruck des Kohlendioxids von 3.7×10^{-4} atm (entspricht ca. dem Partialdruck in der Atmosphäre):

Als Letztes sollen noch Grenzwertbetrachtungen durchgeführt werden. Zunächst wird der Grenzwert von Gl. (3.20) für verschwindenden Partialdruck des Kohlendioxids und im Anschluss wird das Verhalten der Gl. (3.22) für verschwindende Hydrogencarbonatkonzentration betrachtet:

$$p_{CO_2}\big([HCO_3^-] \to 0\big) = \lim_{[HCO_3^-] \to 0} \frac{[H^+][HCO_3^-]}{K_H K_1} = 0 \qquad (3.24)$$

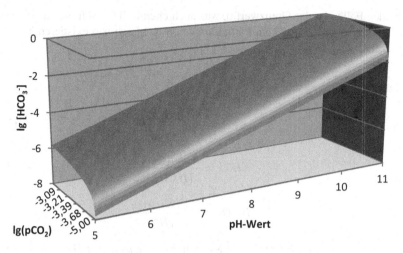

Abb. 3.9 Abhängigkeit des Logarithmus der Konzentration an Hydrogencarbonat vom Logarithmus des Partialdrucks von Kohlendioxid und vom pH-Wert bei 25 °C – Gl. (3.23). (© Gerhard Hobiger)

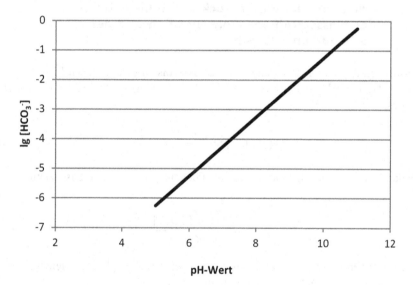

Abb. 3.10 Schnitt der 3D-Fläche von Abb. 3.9 bei einem Partialdruck des Kohlendioxids von $3{,}7 \times 10^{-4}$ atm. (© Gerhard Hobiger)

bzw.

$$[HCO3_3^-]\big(p_{CO_2} \to 0\big) = \lim_{p_{CO_2} \to 0} \frac{K_1 K_H\, p_{CO_2}}{[H^+]} = 0 \qquad (3.25)$$

In beiden Fällen ist der Grenzwert 0, was auch chemisch logisch ist, da bei hydro-
gencarbonatfreier Lösung kein Partialdruck von Kohlendioxid existieren kann und
umgekehrt.

Funktionen des Systems 1

$$p_{CO_2} = \frac{[H^+][HCO_3^-]}{K_H K_1} \tag{3.20}$$

$$[H^+] = \frac{K_1 K_H p_{CO_2}}{[HCO_3^-]} \tag{3.21}$$

$$[HCO_3^-] = \frac{K_1 K_H p_{CO_2}}{[H^+]} \tag{3.22}$$

$$\lg[HCO_3^-] = \lg K_H + \lg K_1 + \lg p_{CO_2} + pH \tag{3.23}$$

3.4.2 System 2 : $f(p_{CO_2}, [H^+], [CO_3^{2-}])$-Beziehungen zwischen dem Partialdruck des Kohlendioxids, der Wasserstoffionenkonzentration und der Carbonatkonzentration

Um zu den expliziten Gleichungen dieses Systems zu gelangen, wird zunächst aus
dem erst später behandelten System 13 Gl. (3.84) vorweggenommen und in Gl. (3.19)
eingesetzt:

$$[HCO_3^-] = \frac{[H^+][CO_3^{2-}]}{K_2} \tag{3.84}$$

Dadurch erhält man folgende äquivalente Gleichung für die erste Dissoziationskonstante:

$$K_1 = \frac{[H^+]^2[CO_3^{2-}]}{K_2 K_H p_{CO_2}} \tag{3.26}$$

Daraus folgen durch einfaches Umformen die einzelnen expliziten Gleichungen.
   Für den Partialdruck des Kohlendioxids ergibt sich:

$$p_{CO_2} = \frac{[H^+]^2[CO_3^{2-}]}{K_1 K_2 K_H} \tag{3.27}$$

Ist die Wasserstoffionenkonzentration (bzw. der pH-Wert) und die Carbonatkonzentration bekannt, so lässt sich der Partialdruck des Kohlendioxids mit Gl. (3.27)
berechnen. Die 3D-Darstellung der Gl. (3.27) zeigt die Abb. 3.11. Sie zeigt ähnlich wie Abb. 3.5 einen starken Anstieg des Partialdruckes bei niedrigen pH-Werten.

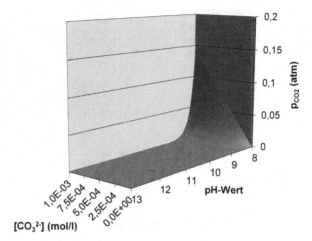

Abb. 3.11 Abhängigkeit des Partialdrucks von Kohlendioxid von der Carbonatkonzentration und vom pH-Wert bei 25 °C – Gl. (3.27). (© Gerhard Hobiger)

Dies ist der mathematische Ausdruck für die Verschiebung der Gleichgewichte zugunsten der Kohlensäure bei Säurezusatz zu einer Carbonatlösung. Bedingt durch ihre Instabilität erfolgt der weitere Zerfall in Kohlendioxid und Wasser, wodurch der Partialdruck des Kohlendioxids ansteigen muss. Im alkalischen Bereich sinkt der Partialdruck des Kohlendioxids. Dies entspricht z. B. einer Sodalösung, die auch eine entsprechende Alkalinität besitzt.

Umgeformt ergibt sich für die Wasserstoffionenkonzentration:

$$[H^+] = \sqrt{\frac{K_1 K_2 K_H p_{CO_2}}{[CO_3^{2-}]}} = \left(\frac{K_1 K_2 K_H p_{CO_2}}{[CO_3^{2-}]}\right)^{\frac{1}{2}} \tag{3.28}$$

Die Gl. (3.28) gibt die Abhängigkeit der Wasserstoffionenkonzentration vom Partialdruck des Kohlendioxids und der Carbonatkonzentration an. Es tritt analog der Gl. (3.21) der Fall ein, dass das Resultat nur vom Verhältnis zwischen der Carbonationenkonzentration und dem Partialdruck des Kohlendioxids abhängig ist. Beim Grenzwert für $p_{CO_2} \rightarrow 0$ muss auch die Carbonationenkonzentration gegen 0 gehen (siehe Gl. 3.31 und 3.32) und man erhält analog zur Gl. (3.21) einen unbestimmten Ausdruck der Form „0/0". Der resultierende pH-Wert ist wieder nur von der Alkalinität abhängig. Die Abb. 3.12 zeigt die 3D-Darstellung von Gl. (3.28).

Die entsprechende explizite Gleichung für die Carbonatkonzentration lautet:

$$[CO_3^{2-}] = \frac{K_1 K_2 K_H p_{CO_2}}{[H^+]^2} \tag{3.29}$$

Mit Gl. (3.29) kann bei bekanntem pH-Wert einer Lösung und bestimmtem Partialdruck des Kohlendioxids die Carbonatkonzentration in der Lösung berechnet werden.

Abb. 3.12 Abhängigkeit des pH-Wertes vom Partialdruck des Kohlendioxids und von der Carbonatkonzentration, Gl. (3.28). (© Gerhard Hobiger)

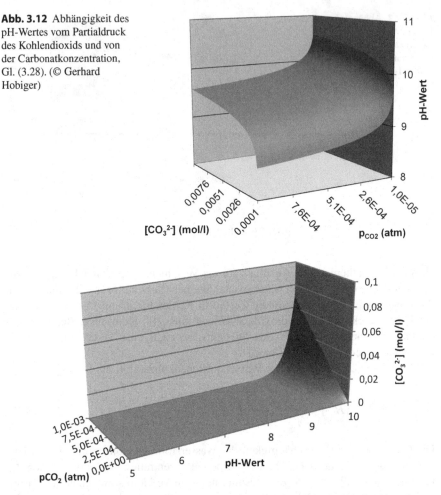

Abb. 3.13 Abhängigkeit der Carbonatkonzentration vom Partialdruck des Kohlendioxids und vom pH-Wert – Gl. (3.29). (© Gerhard Hobiger)

In der folgenden 3D-Darstellung der Gl. (3.29) in Abb. 3.13 zeigt sich ein starker Anstieg der Carbonatkonzentration bei zunehmendem pH-Wert. Gegenüber Gl. (3.22) setzt dieser jedoch erst bei höheren pH-Werten ein. Das spätere Ansteigen der Carbonatkonzentration gegenüber der Hydrogencarbonatkonzentration bei Erhöhung des pH-Wertes ist nur die grafische Darstellung, dass bei der Dissoziation zunächst Hydrogencarbonat und anschließend Carbonat entsteht. Da auch hier diese Gleichung für jede Carbonatlösung Gültigkeit besitzt, kann die hohe Konzentration an Carbonat nur bei entsprechender Alkalinität erreicht werden (z. B. Sodalösung).

Logarithmiert man wieder Gl. (3.29) und verwendet die Definitionen vom pH-Wert (Gl. 2.5) und den pK-Werten (Gl. 2.6), so erhält man:

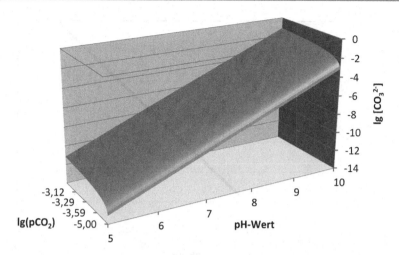

Abb. 3.14 Abhängigkeit des Logarithmus der Konzentration an Carbonat vom Logarithmus des Partialdrucks des Kohlendioxids und des pH-Wertes bei 25 °C – Gl. (3.30). (© Gerhard Hobiger)

$$\lg[CO_3^{2-}] = \lg K_H + \lg K_1 + \lg K_2 + \lg p_{CO_2} + 2pH \tag{3.30}$$

Analog zur Abb. 3.9 lässt sich Gl. (3.30) als Fläche darstellen. Siehe Abb. 3.14

Auch in diesem Fall ist bei konstantem Partialdruck des Kohlendioxids der Logarithmus der Carbonatkonzentration eine lineare Funktion des pH-Werts. Zum Unterschied zu Gl. (3.23) hat diese Funktion den doppelten Anstieg. Dies ergibt sich, da die Wasserstoffionenkonzentration quadratisch eingeht. Grafisch lässt sich Gl. (3.30) durch einen Schnitt der Fläche von Abb. 3.14 bei einem bestimmten Partialdruck darstellen. Die Abb. 3.15 zeigt diesen Schnitt bei einem Partialdruck von $3{,}7 \times 10^{-4}$ atm, was ca. dem Partialdruck von CO_2 in der Atmosphäre entspricht.

Wie leicht zu sehen ist, gehen die Gl. (3.27 und 3.29) gegen 0, wenn die Carbonatkonzentration bzw. der Partialdruck des Kohlendioxids gegen 0 gehen:

$$p_{CO_2}\big([CO_3^{2-}] \to 0\big) = \lim_{[CO_3^{2-}] \to 0} \frac{[H^+]^2[CO_3^{2-}]}{K_1 K_2 K_H} = 0 \tag{3.31}$$

$$[CO_3^{2-}]\big(p_{CO_2} \to 0\big) = \lim_{p_{CO_2} \to 0} \frac{K_1 K_2 K_H\, p_{CO_2}}{[H^+]^2} = 0 \tag{3.32}$$

Dies ist der Ausdruck dafür, dass bei verschwindendem Partialdruck des Kohlendioxids auch die Carbonatkonzentration gegen 0 gehen muss und vice versa.

Vergleicht man nun die Schnitte der beiden 3D-Flächen (Abb. 3.10 und 3.15), so erhält man das Diagramm, welches in vielen Lehrbüchern enthalten ist (Abb. 3.16).

In dieser Abbildung ist deutlich sichtbar, dass die Carbonatlinie die Steigung 2 und die Hydrogencarbonatlinie die Steigung 1 hat.

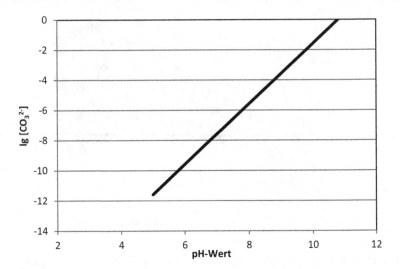

Abb. 3.15 Schnitt der 3D-Fläche von Abb. 3.14 bei einem Partialdruck des Kohlendioxids von $3,7 \times 10^{-4}$ atm. (© Gerhard Hobiger)

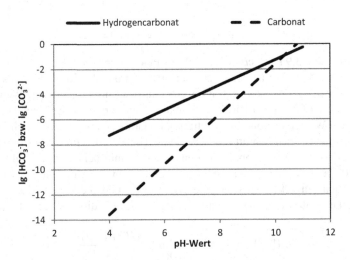

Abb. 3.16 Vergleich der beiden Schnittlinien der 3D-Flächen aus den Abb. 3.10 und 3.15. (© Gerhard Hobiger)

Funktionen des Systems 2

$$p_{CO_2} = \frac{[H^+]^2 [CO_3^{2-}]}{K_1 K_2 K_H} \tag{3.27}$$

$$[H^+] = \sqrt{\frac{K_1 K_2 K_H p_{CO_2}}{[CO_3^{2-}]}} = \left(\frac{K_1 K_2 K_H p_{CO_2}}{[CO_3^{2-}]} \right)^{\frac{1}{2}} \tag{3.28}$$

$$[CO_3^{2-}] = \frac{K_1 K_2 K_H p_{CO_2}}{[H^+]^2} \tag{3.29}$$

$$\lg[CO_3^{2-}] = \lg K_H + \lg K_1 + \lg K_2 + \lg p_{CO_2} + 2pH \tag{3.30}$$

3.4.3 System 3 : $f(p_{CO_2}[H^+], [Alk])$-Beziehungen zwischen dem Partialdruck des Kohlendioxids, der Wasserstoffionenkonzentration und der Alkalinität

Zur Bestimmung der expliziten Gleichungen wird in die Gleichung für die Alkalinität (Gl. 3.9) die Hydrogencarbonatkonzentration durch Gl. (3.22) vom System 1 und die Carbonatkonzentration durch Gl. (3.29) vom System 2 eingesetzt. Man erhält dann:

$$[Alk] = \frac{K_1 K_H p_{CO_2}}{[H^+]} + \frac{2 K_1 K_2 K_H p_{CO_2}}{[H^+]^2} + \frac{K_W}{[H^+]} - [H^+] \tag{3.33}$$

Die so entstandene Gleichung ist bereits die explizite Form für die Alkalinität.

Mit Gl. (3.33) kann die Alkalinität bei bekanntem Partialdruck des Kohlendioxids und pH-Wert berechnet werden. Wie Abb. 3.17 Gl. (3.33) zeigt, gibt es Bereiche mit negativer Alkalinität (in der Abbildung schwarz gekennzeichnet).

Negative Alkalinitäten bedeuten einen Überschuss an Säure, was in weiterer Folge zur Austreibung der Kohlensäure führen würde.

Aus Gl. (3.33) lässt sich der Partialdruck des Kohlendioxids sofort durch einfaches Umformen berechnen:

$$p_{CO_2} = \frac{[H^+]^3 + [Alk][H^+]^2 - K_W[H^+]}{K_1 K_H[H^+] + 2 K_1 K_2 K_H} = \frac{[H^+] \left([H^+]^2 + [Alk][H^+] - K_W \right)}{K_1 K_H \left([H^+] + 2 K_2 \right)} \tag{3.34}$$

Die Gl. (3.34) ist besonders hervorheben, da oft nach dem Partialdruck des Kohlendioxids bei einem Wasser mit bekannter Alkalinität und bekanntem pH-Wert gefragt wird. Aufgrund ihrer Wichtigkeit kann sie als eine Grundgleichung der Wasserchemie angesehen werden und ist in jeder Einführung in die Wasserchemie erwähnt. Die Abb. 3.18 zeigt diese wichtige Grundgleichung (3.34) als 3D-Grafik.

Diese Gleichung ist nur in bestimmten Bereichen gültig, wobei sich die ungültigen Bereiche durch einen negativen Partialdruck zeigen, den es nicht geben kann

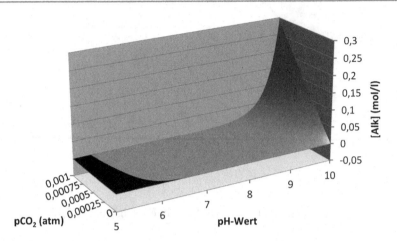

Abb. 3.17 Abhängigkeit der Alkalinität vom Partialdruck des Kohlendioxids und vom pH-Wert – Gl. (3.33). (© Gerhard Hobiger)

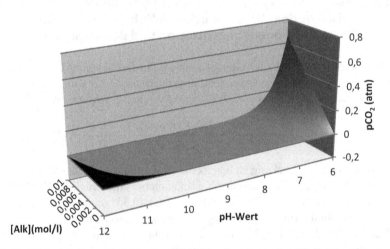

Abb. 3.18 Abhängigkeit des Partialdruckes des Kohlendioxids von der Alkalinität und vom pH-Wert – Gl. (3.34). (© Gerhard Hobiger)

(schwarze Bereiche in der Abbildung). Die negativen Partialdrucke treten immer dann auf, wenn die Kombination der gewählten Werte von Alkalinität und pH-Wert nicht möglich sind. Z. B. kann eine reine Kohlensäurelösung ([Alk] = 0 mol/l) nie alkalisch reagieren, sie muss immer einen pH-Wert $< pK_W/2$ haben (siehe auch Anhang 1). Berechnet man nun einen Partialdruck von Kohlendioxid mit einer Alkalinität 0 und einem pH-Wert größer dem Neutralpunkt des Wassers (dieser liegt bei 25 °C bei einem pH-Wert von 6,998), so erhält man einen negativen Partialdruck von Kohlendioxid. Physikalisch sinnlose negative Partialdrucke treten auch bei einer Alkalinität > 0 mol/l ab einem bestimmten alkalischen pH-Wert auf. In der Abbildung ist das durch die nach hinten spitz zusammenlaufende schwarze Fläche erkennbar.

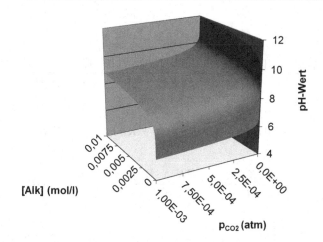

Abb. 3.19 Abhängigkeit des pH-Wertes vom Partialdruck des Kohlendioxids und von der Alkalinität – Gl. (3.35). (© Gerhard Hobiger)

Die Null-Linie erhält man, indem der Zähler von Gl. (3.34) gleich null gesetzt wird und man bekommt Gl. (2.28) aus Kap. 2.3.1.

Ähnlich praktisch zur Bestimmung der Wasserstoffionenkonzentration ist schließlich noch die folgende Gl. (3.35). Damit ist es möglich, den pH-Wert eines Wassers mit einer bestimmten Alkalinität bei verschiedenen Partialdrucken von Kohlendioxid zu berechnen. Diese Gleichung kann zur Simulation unterschiedlicher Wasserchemismen verwendet werden. Es ist allerdings eine Gleichung 3. Grades in der Wasserstoffionenkonzentration und man erhält sie durch Umformen von Gl. (3.33):

$$[H^+]^3 + [Alk][H^+]^2 - (K_1 K_H p_{CO_2} + K_W)[H^+] - 2K_1 K_2 K_H p_{CO_2} = 0 \quad (3.35)$$

Von den theoretisch möglichen 3 Lösungen muss eine positive die richtige sein. Wie schon erwähnt, kann die chemisch sinnvolle Lösung nur durch Berechnung der anderen Parameter und Ausschluss der irrealen Werte erfolgen.

Die folgende Abb. 3.19 zeigt die 3D-Fläche der Gl. (3.35).

Bei der 3D-Fläche erkennt man bei verschwindendem Partialdruck des Kohlendioxids einen sehr starken Anstieg zu hohen pH-Werten. Dies ist dadurch zu erklären, dass man bei einem Partialdruck von 0 atm und einer Alkalinität > 0 mol/l eine reine wässrige Lösung einer starken Base vor sich hat. Daher ergibt sich ein pH-Wert von 14 bei einer Alkalinität von 1 mol/l. Zur exakten Berechnung von pH-Werten wässriger Lösungen siehe Bliefert 1978. Beachtenswert bei der 3D-Fläche ist, dass ein großer Teil bei einem sehr konstanten pH-Wert liegt.

Funktionen des Systems 3

$$p_{CO_2} = \frac{[H^+]^3 + [Alk][H^+]^2 - K_W[H^+]}{K_1 K_H [H^+] + 2 K_1 K_2 K_H} = \frac{[H^+]([H^+]^2 + [Alk][H^+] - K_W)}{K_1 K_H ([H^+] + 2 K_2)}$$

$$(3.34)$$

$$[H^+]^3 + [Alk][H^+]^2 - (K_1 K_H p_{CO_2} + K_W)[H^+] - 2 K_1 K_2 K_H p_{CO_2} = 0$$

$$(3.35)$$

$$[Alk] = \frac{K_1 K_H p_{CO_2}}{[H^+]} + \frac{2 K_1 K_2 K_H p_{CO_2}}{[H^+]^2} + \frac{K_W}{[H^+]} - [H^+] \qquad (3.33)$$

3.4.4 System 4 : $f(p_{CO_2}, [HCO_3^-], [CO_3^{2-}])$-Beziehungen zwischen dem Partialdruck des Kohlendioxids, der Hydrogencarbonatkonzentration und der Carbonatkonzentration

Bei diesem System geht man wieder von der modifizierten Gleichung der ersten Dissoziationskonstante der Kohlensäure (Gl. 3.19) aus und ersetzt die Wasserstoffionenkonzentration durch Gl. (3.83) vom System 13:

$$[H^+] = \frac{K_2[HCO_3^-]}{[CO_3^{2-}]} \qquad (3.83)$$

eingesetzt in Gl. (3.19) ergibt:

$$K_1 = \frac{K_2[HCO_3^-]^2}{K_H p_{CO_2}[CO_3^{2-}]} \qquad (3.36)$$

Daraus lassen sich wieder alle 3 expliziten Gleichungen berechnen. Für den Partialdruck des Kohlendioxids ergibt sich:

$$p_{CO_2} = \frac{K_2[HCO_3^-]^2}{K_1 K_H [CO_3^{2-}]} \qquad (3.37)$$

Der Fall, bei dem beide Konzentrationen null sind, ergibt mathematisch einen unbestimmten Ausdruck. Chemisch bedeutet das, dass auch der Partialdruck null sein muss, da keine Spezies der Kohlensäure vorhanden sind. Die 3D-Fläche der Gl. (3.37) zeigt Abb. 3.20.

Für die Hydrogencarbonatkonzentration erhält man aus Gl. (3.36):

$$[HCO_3^-] = \sqrt{\frac{K_1 K_H p_{CO_2}[CO_3^{2-}]}{K_2}} = \left(\frac{K_1 K_H p_{CO_2}[CO_3^{2-}]}{K_2}\right)^{\frac{1}{2}} \qquad (3.38)$$

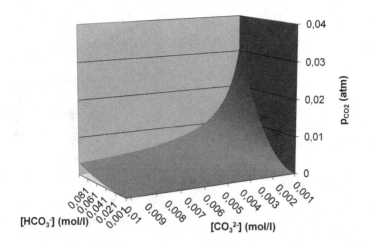

Abb. 3.20 Abhängigkeit des Partialdrucks von Kohlendioxid von der Hydrogencarbonatkonzentration und der Carbonatkonzentration – Gl. (3.37). (© Gerhard Hobiger)

Abb. 3.21 Abhängigkeit der Hydrogencarbonatkonzentration vom Partialdruck des Kohlendioxids und der Carbonatkonzentration – Gl. (3.38). (© Gerhard Hobiger)

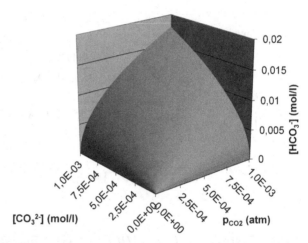

Die entsprechende 3D-Fläche zeigt Abb. 3.21.

Schließlich folgt aus Gl. (3.36) für die Carbonatkonzentration:

$$[CO_3^{2-}] = \frac{K_2[HCO_3^-]^2}{K_1 K_H p_{CO_2}} \qquad (3.39)$$

Die 3D-Fläche von Gl. (3.39) zeigt Abb. 3.22.

Zusammenfassend kann über das System 4 gesagt werden, dass es sich dabei um reine Beziehungsgleichungen handelt, die für die Konzentration von Hydrogencarbonat und Carbonat sowie den Partialdruck des Kohlendioxids in jeder wässrigen Lösung mit diesen Spezies gelten müssen.

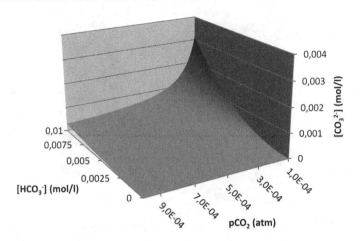

Abb. 3.22 Abhängigkeit der Carbonatkonzentration von der Hydrogencarbonatkonzentration und vom Partialdruck des Kohlendioxids – Gl. (3.39). (© Gerhard Hobiger)

Funktionen des Systems 4

$$p_{CO_2} = \frac{K_2[HCO_3^-]^2}{K_1 K_H [CO_3^{2-}]} \tag{3.37}$$

$$[HCO_3^-] = \sqrt{\frac{K_1 K_H p_{CO_2}[CO_3^{2-}]}{K_2}} = \left(\frac{K_1 K_H p_{CO_2}[CO_3^{2-}]}{K_2} \right)^{\frac{1}{2}} \tag{3.38}$$

$$[CO_3^{2-}] = \frac{K_2[HCO_3^-]^2}{K_1 K_H p_{CO_2}} \tag{3.39}$$

3.4.5　System 5 : $f(p_{CO_2}[HCO_3^-],[Alk])$-Beziehungen zwischen dem Partialdruck des Kohlendioxids, der Hydrogencarbonatkonzentration und der Alkalinität

Zur Berechnung der einzelnen expliziten Gleichungen wird zunächst Gl. (3.21) vom System 1 in die Gl. (3.35) vom System 3 für die Wasserstoffionenkonzentration eingesetzt:

Setzt man Gl. (3.21)

$$[H^+] = \frac{K_1 K_H p_{CO_2}}{[HCO_3^-]} \tag{3.21}$$

in Gl. (3.35)

$$[H^+]^3 + [Alk][H^+]^2 - (K_1 K_H p_{CO_2} + K_W)[H^+] - 2K_1 K_2 K_H p_{CO_2} = 0 \tag{3.35}$$

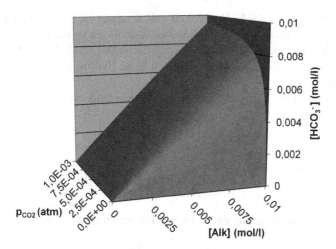

Abb. 3.23 Abhängigkeit der Hydrogencarbonatkonzentration vom Partialdruck des Kohlendioxids und der Alkalinität – Gl. (3.41). (© Gerhard Hobiger)

ein, so folgt:

$$\frac{K_1^3 K_H^3 p_{CO_2}^3}{[HCO_3^-]^3} + \frac{K_1^2 K_H^2 p_{CO_2}^2 [Alk]}{[HCO_3^-]^2} - (K_1 K_H p_{CO_2} + K_W)\frac{K_1 K_H p_{CO_2}}{[HCO_3^-]}$$

$$- 2K_1 K_2 K_H p_{CO_2} = 0 \tag{3.40}$$

Nach Multiplikation mit $\left(-\frac{[HCO_3^-]^3}{2K_1 K_2 K_H p_{CO_2}}\right)$ und Umformen erhält man:

$$[HCO_3^-]^3 + \left(\frac{K_1 K_H p_{CO_2} + K_W}{2K_2}\right)[HCO_3^-]^2 - \frac{K_1 K_H p_{CO_2}[Alk]}{2K_2}[HCO_3^-]$$

$$- \frac{K_1^2 K_H^2 p_{CO_2}^2}{2K_2} = 0 \tag{3.41}$$

Dies ist die exakte Gleichung zur Berechnung der Hydrogencarbonatkonzentration bei bekanntem Partialdruck des Kohlendioxids und bekannter Alkalinität. Da sie eine Gleichung 3. Grades ist, besitzt sie 3 Lösungen, von denen eine positive die richtige ist. Gefunden wird sie wieder durch Berechnung der andern Parameter und Ausschluss von irrealen Werten.

Die Abb. 3.23 zeigt die Gl. (3.41) als räumliche Fläche.

Es zeigt sich dabei, dass über weite Bereiche der Fläche bei konstantem Partialdruck die Hydrogencarbonatkonzentration mit der Alkalinität in guter Näherung linear ansteigt. Dies ist auch aus der Praxis bekannt, da bei einer höheren Alkalinität und konstantem Partialdruck (z. B. Atmosphäre) auch eine höhere Hydrogencarbonatkonzentration in der Lösung enthalten ist.

Ist der Partialdruck des Kohlendioxids null, so ergibt Gl. (3.41) für die Hydrogen-carbonatkonzentration, neben einer chemisch sinnlosen und daher uninteressahten negativen Lösung auch die triviale Lösung (siehe Gl. (3.42–3.44)). Dies muss so sein, da beim Fehlen von Kohlendioxid auch keine Hydrogencarbonatkonzentration möglich ist.

Setzt man in Gl. (3.41) den Partialdruck des Kohlendioxids null, so erhält man:

$$[HCO_3^-]^2 \left([HCO_3^-] + \frac{K_W}{2K_2} \right) = 0 \tag{3.42}$$

Als Lösungen erhält man:

$$[HCO_3^-]_{1,2} = 0 \tag{3.43}$$

Die dritte Lösung ist negativ und hat somit keinen chemischen Sinn:

$$[HCO_3^-]_3 = -\frac{K_W}{2K_2} < 0 \tag{3.44}$$

Für den Partialdruck des Kohlendioxids ergibt sich aus Gl. (3.41) eine Gleichung 2. Grades:

$$p_{CO_2}^2 + \frac{[Alk][HCO_3^-] - [HCO_3^-]^2}{K_1 K_H} p_{CO_2} - \frac{[HCO_3^-]^2 \left(K_W + 2K_2[HCO_3^-] \right)}{K_1^2 K_H^2} = 0 \tag{3.45}$$

Daraus ergibt sich für p_{CO_2}:

$$(p_{CO_2})_{1,2} = \frac{[HCO_3^-]^2 - [Alk][HCO_3^-]}{2K_1 K_H} \pm \sqrt{ \frac{([HCO_3^-]^2 - [Alk][HCO_3^-])^2}{4K_1^2 K_H^2} + \frac{[HCO_3^-]^2 \left(K_W + 2K_2[HCO_3^-] \right)}{K_1^2 K_H^2} } \tag{3.46}$$

Nach einfachen Umformungen lautet Gl. (3.46):

$$(p_{CO_2})_{1,2} = \frac{[HCO_3^-]}{2K_1 K_H} \left(([HCO_3^-] - [Alk]) \pm \sqrt{ ([HCO_3^-] - [Alk])^2 + 8K_2[HCO_3^-] + 4K_W } \right) \tag{3.47}$$

Von den beiden Lösungen gibt nur die positive Wurzel reale Partialdrucke.

Die Abb. 3.24 zeigt die räumliche Fläche der Gl. (3.47).

Auch bei dieser Gleichung gilt (was natürlich sein muss) für verschwindende Hy-drogencarbonatkonzentration, dass der Partialdruck gegen null geht. Der Fall [Alk] = 0 mol/l entspricht der Lösung von Kohlendioxid in reinem Wasser (reine Kohlen-säurelösung), der im Kap. 4 besprochen wird. Die Fläche zeigt ein extrem starkes Ansteigen des Partialdrucks, wenn bei konstanter Hydrogencarbonatlösung die Al-kalinität erniedrigt wird. Dies entspricht z. B. einer Alkalihydrogencarbonatlösung, die angesäuert wird. Dadurch verschiebt sich das Gleichgewicht zugunsten der Koh-lensäure, die aber, bedingt durch ihre Instabilität, sofort in Kohlendioxid und Wasser zerfällt und somit den Partialdruck von Kohlendioxid erhöht.

Abb. 3.24 Abhängigkeit des Partialdruckes des Kohlendioxids von der Hydrogencarbonatkonzentration und von der Alkalinität – Gl. (3.47). (© Gerhard Hobiger)

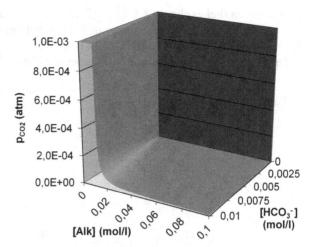

Abb. 3.25 Abhängigkeit der Alkalinität vom Partialdruck des Kohlendioxids und der Hydrogencarbonatkonzentration – Gl. (3.48). (© Gerhard Hobiger)

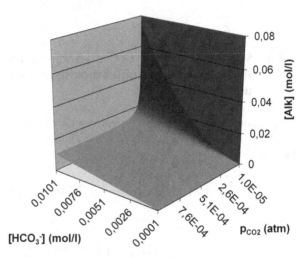

Die zweite mögliche Lösung der quadratischen Gl. (3.47) ergibt irreale negative Partialdrucke und kann daher nicht verwendet werden.

Schließlich folgt nach einigen Umformungen aus Gl. (3.41) für die Alkalinität:

$$[Alk] = [HCO_3^-] + \frac{2K_2[HCO_3^-]^2}{K_1 K_H p_{CO_2}} + \frac{K_W[HCO_3^-]}{K_1 K_H p_{CO_2}} - \frac{K_1 K_H p_{CO_2}}{[HCO_3^-]} \qquad (3.48)$$

Die 3D-Fläche von Gl. (3.48) ist in der Abb. 3.25 dargestellt.

Geht der Partialdruck des Kohlendioxids gegen null, so muss auch die Hydrogencarbonatkonzentration gegen null gehen. Setzt man daher die Grenzwerte $p_{CO_2} \to 0$ und $[HCO_3^-] \to 0$ in die Gl. (3.48) ein, bekommt man einen unbestimmten Ausdruck. Dies bedeutet, dass bei verschwindendem Partialdruck eine Lösung mit einer beliebigen Alkalinität resultiert.

Von diesen drei expliziten Gl. (3.41, 3.47 und 3.48) hat nur die Gleichung zur Berechnung der Hydrogencarbonatkonzentration bei bekanntem Partialdruck des Kohlendioxids und der Alkalinität (Gl. (3.41)) eine praktische Bedeutung. Die beiden anderen Gleichungen können zur Kontrolle bei Berechnungen herangezogen werden.

Funktionen des Systems 5

$$(p_{CO_2})_{1,2} = \frac{[HCO_3^-]}{2K_1K_H} \left(([HCO_3^-] - [Alk]) \pm \sqrt{([HCO_3^-] - [Alk])^2 + 8K_2[HCO_3^-] + 4K_W} \right)$$

$$(3.47)$$

$$[HCO_3^-]^3 + \left(\frac{K_1K_Hp_{CO_2} + K_W}{2K_2} \right)[HCO_3^-]^2 - \frac{K_1K_Hp_{CO_2}[Alk]}{2K_2}[HCO_3^-] - \frac{K_1^2K_H^2p_{CO_2}^2}{2K_2} = 0$$

$$(3.41)$$

$$[Alk] = [HCO_3^-] + \frac{2K_2[HCO_3^-]^2}{K_1K_Hp_{CO_2}} + \frac{K_W[HCO_3^-]}{K_1K_Hp_{CO_2}} - \frac{K_1K_Hp_{CO_2}}{[HCO_3^-]}$$

$$(3.48)$$

3.4.6 System 6 : $f(p_{CO_2}[CO_3^{2-}], [Alk])$-Beziehungen zwischen dem Partialdruck des Kohlendioxids, der Carbonatkonzentration und der Alkalinität

Ausgegangen wird bei diesem System von Gl. (3.90), die jedoch erst im System 15 abgeleitet wird, und ersetzt die Wasserstoffionenkonzentration mit Gl. (3.28) vom System 3.

$$[Alk] = \frac{[H^+][CO_3^{2-}]}{K_2} + 2[CO_3^{2-}] + \frac{K_W}{[H^+]} - [H^+] \qquad (3.90)$$

mit

$$[H^+] = \left(\frac{K_1K_2K_Hp_{CO_2}}{[CO_3^{2-}]} \right)^{\frac{1}{2}} \qquad (3.28)$$

ergibt:

$$[Alk] = \left(\frac{K_1K_2K_Hp_{CO_2}}{[CO_3^{2-}]} \right)^{\frac{1}{2}} \frac{[CO_3^{2-}]}{K_2} + 2[CO_3^{2-}] + K_W \left(\frac{K_1K_2K_Hp_{CO_2}}{[CO_3^{2-}]} \right)^{-\frac{1}{2}}$$
$$- \left(\frac{K_1K_2K_Hp_{CO_2}}{[CO_3^{2-}]} \right)^{\frac{1}{2}} \qquad (3.49)$$

Nach einfachen Umformungen ergibt sich für die Alkalinität:

$$[Alk] = \left(\frac{K_1K_2K_Hp_{CO_2}}{[CO_3^{2-}]} \right)^{\frac{1}{2}} \left(\frac{[CO_3^{2-}] - K_2}{K_2} \right) + 2[CO_3^{2-}] + K_W \left(\frac{K_1K_2K_Hp_{CO_2}}{[CO_3^{2-}]} \right)^{-\frac{1}{2}}$$

$$(3.50)$$

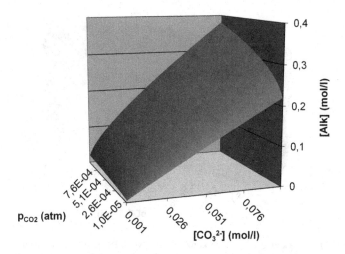

Abb. 3.26 Abhängigkeit der Alkalinität vom Partialdruck des Kohlendioxids und der Carbonat-konzentration – Gl. (3.50). (© Gerhard Hobiger)

In der Abb. 3.26 ist Gl. (3.50) als 3D-Fläche dargestellt.

Abbildung 3.26 zeigt, dass bei konstantem Partialdruck des Kohlendioxids die Al-kalinität mit der Carbonatkonzentration ansteigt. Dies ist auch aus der Praxis bekannt, da Carbonatlösungen immer alkalisch reagieren und das umso stärker, je konzen-trierter die Lösung ist. Wie man von solchen Basenlösungen die entsprechenden pH-Werte berechnet, findet man in Bliefert 1978.

Um zur Abhängigkeit der Carbonatkonzentration von der Alkalinität und dem Par-tialdruck des Kohlendioxids zu kommen, wird im ersten Schritt Gl. (3.50) umgeformt und quartiert:

$$([Alk] - 2[CO_3^{2-}])^2 = \left(\left(\frac{K_1 K_2 K_H p_{CO_2}}{[CO_3^{2-}]}\right)^{\frac{1}{2}} \left(\frac{[CO_3^{2-}] - K_2}{K_2}\right) + K_W \left(\frac{K_1 K_2 K_H p_{CO_2}}{[CO_3^{2-}]}\right)^{-\frac{1}{2}}\right)^2$$

$$(3.51)$$

Nach Ausmultiplizieren, einfachem Umformen und Zusammenfassen erhält man folgende implizite Gleichung:

$$4K_1 K_2 K_H p_{CO_2}[CO_3^{2-}]^3 - 4K_1 K_2 K_H p_{CO_2}[Alk][CO_3^{2-}]^2 - K_1^2 K_H^2 p_{CO_2}^2[CO_3^{2-}]^2$$

$$-2K_1 K_H p_{CO_2} K_W[CO_3^{2-}]^2 - K_W^2[CO_3^{2-}]^2$$

$$+K_1 K_2 K_H p_{CO_2}[Alk]^2[CO_3^{2-}] + 2K_1^2 K_2 K_H^2 p_{CO_2}^2[CO_3^{2-}]$$

$$+2K_1 K_2 K_H p_{CO_2} K_W[CO_3^{2-}] - K_1^2 K_2^2 K_H^2 p_{CO_2}^2 = 0$$

$$(3.52)$$

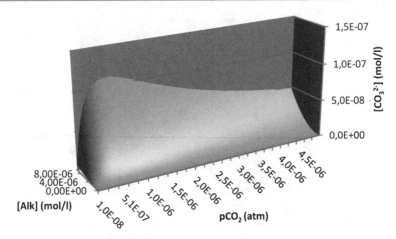

Abb. 3.27 Abhängigkeit der Carbonatkonzentration vom Partialdruck des Kohlendioxids und der Alkalinität (niedrige Alkalinitätswerte und niedrige Partialdrücke) – Gl. (3.53). (© Gerhard Hobiger)

Umgeformt ergibt sich eine Gleichung dritten Grades in der Carbonatkonzentration:

$$[CO_3^{2-}]^3 - \left([Alk] + \frac{(K_1 K_H p_{CO_2} + K_W)^2}{4 K_1 K_2 K_H p_{CO_2}}\right)[CO_3^{2-}]^2$$

$$+ \frac{[Alk]^2 + 2 K_1 K_H p_{CO_2} + 2 K_W}{4}[CO_3^{2-}] - \frac{K_1 K_2 K_H p_{CO_2}}{4} = 0$$

$$(3.53)$$

Bedingt durch den dritten Grad gibt es 3 mögliche Lösungen. Die richtige Lösung erhält man, indem die anderen Parameter berechnet werden und man die nichtrealen Werte ausschließt. In der Abb. (3.27) soll das Verhalten der Gl. (3.53) für sehr niedrige Alkalinitäten und sehr niedrige Partialdrücke des Kohlendioxids gezeigt werden. Bei der Berechnung kann es, wegen der extrem kleinen Zahlenwerte, die sich aus der Multiplikation der Konstanten ergeben, zu numerischen Problemen kommen.

Interessant ist ein Schnitt der Grafik in Abb. 3.27 bei einer Alkalinität von 10^{-5} mol/l, wie er in Abb. 3.28 gezeigt wird. Man erkennt dabei, dass bei Zunahme des Partialdrucks des Kohlendioxids zunächst die Carbonatkonzentration bis zu einem maximalen Wert ansteigt und anschließend wieder abfällt. Die Erklärung dafür ist, dass zunächst bei geringem Partialdruck von Kohlendioxid in der Lösung natürlich Carbonat gebildet wird, dann aber durch die Erhöhung des Partialdrucks mehr Kohlensäure gebildet wird, wodurch eine Versauerung eintritt und somit das Gleichgewicht zu Hydrogencarbonat hin verschoben wird und die Carbonatkonzentration abfällt. Es ist aber auch sichtbar, dass zu einer Carbonatkonzentration zwei unterschiedliche Partialdrucke existieren. Mathematisch bedeutet das, dass es sich um eine mehrdeutige Funktion handelt.

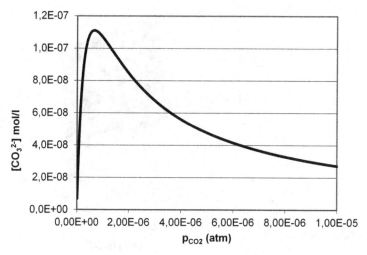

Abb. 3.28 Schnitt der 3D-Grafik in Abb. 3.27 bei [Alk] = 10^{-5} mol/l. (© Gerhard Hobiger)

Formt man die Gl. (3.52) um, so erhält man eine quadratische Gleichung in p_{CO_2}:

$$p_{CO_2}^2 - \frac{K_1 K_H [CO_3^{2-}] A}{\left([CO_3^{2-}] - K_2\right)} p_{CO_2} + \frac{K_W^2 [CO_3^{2-}]}{\left([CO_3^{2-}] - K_2\right)^2 K_1^2 K_H^2} = 0 \qquad (3.54)$$

Aufgelöst erhält man:

$$\left(p_{CO_2}\right)_{1,2} = \frac{[CO_3^{2-}]}{2\left([CO_3^{2-}] - K_2\right)^2 K_1 K_H} \left(A \pm \sqrt{A^2 - 4K_W^2 \left([CO_3^{2-}] - K_2\right)^2}\right)$$

$$(3.55)$$

mit

$$A = 4K_2 [CO_3^{2-}]^2 - 4K_2 [Alk][CO_3^{2-}] - 2K_W [CO_3^{2-}] + 2K_2 K_W + K_2 [Alk]^2$$

$$(3.56)$$

Bei dieser Gleichung gibt es 2 Lösungen, die dem positiven bzw. negativen Wurzelausdruck entsprechen. Abbildung 3.29 zeigt die Lösung mit dem negativen Wurzelausdruck:

In Abb. 3.29 erkennt man, dass es sich um sehr geringe Partialdrucke handelt und dass bei konstanter Carbonatkonzentration und fallender Alkalinität der Partialdruck des Kohlendioxids steigt. Genauso erhöht sich der Partialdruck des Kohlendioxids bei konstanter Alkalinität und steigender Carbonatkonzentration.

Die positive Wurzel der Gl. (3.55 + 3.56) wird in der Abb. 3.30 dargestellt.

Bei dieser Lösung der Gl. (3.55 + 3.56) ergeben sich viel höhere Partialdrucke. Im Unterschied zur ersten Lösung tritt hier der Fall ein, dass bei konstanter Carbonatkonzentration und fallender Alkalinität der Partialdruck fällt. Welche der beiden Lösungen zu verwenden ist, muss für jeden Fall entschieden werden. Die Entscheidung kann nur getroffen werden, indem die anderen Parameter berechnet werden

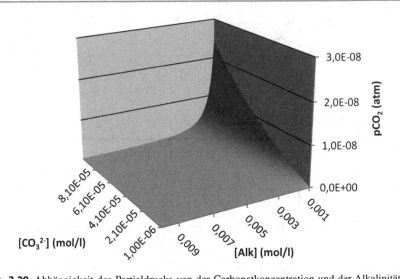

Abb. 3.29 Abhängigkeit des Partialdrucks von der Carbonatkonzentration und der Alkalinität – Gl. (3.55 + 3.56) (negative Wurzel). (© Gerhard Hobiger)

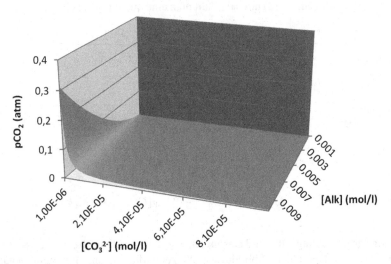

Abb. 3.30 Abhängigkeit des Partialdrucks von der Carbonatkonzentration und der Alkalinität – Gl. (3.55 + 3.56) (positive Wurzel). (© Gerhard Hobiger)

und aufgrund der chemisch sinnvollen Ergebnisse die richtige Lösung ausgewählt wird.

Eine weitere Eigenschaft zeigt Gl. (3.55 + 3.56): Wenn die Carbonatkonzentration den Wert der zweiten Dissoziationsstufe K_2 annimmt, erhält man bei der negativen Wurzel einen unbestimmten Ausdruck und bei der positiven Wurzel eine Division durch 0. Ist die Carbonatkonzentration kleiner als K_2, existieren wieder 2 Lösungen.

Im Folgenden wird untersucht, wie sich die Gleichungen verhalten, wenn die einzelnen Variablen gegen null gehen. Für die Fälle, bei denen der Partialdruck des Kohlendioxids bzw. die Carbonatkonzentration null wird, erhält man aus Gl. (3.52) für $p_{CO_2} = 0$:

$$-K_W^2[CO_3^{2-}]^2 = 0 \qquad (3.57)$$

Daraus folgt:

$$[CO_3^{2-}] = 0 \qquad (3.58)$$

Analog erhält man, setzt man die Carbonatkonzentration in Gl. (3.52) gleich null:

$$-K_1^2 K_2^2 K_H^2 p_{CO_2}^2 = 0 \qquad (3.59)$$

und für den Partialdruck des Kohlendioxids:

$$p_{CO_2} = 0 \qquad (3.60)$$

Diese Ergebnisse sagen nichts anderes aus, als dass bei verschwindendem Partialdruck des Kohlendioxids keine Carbonatkonzentration in der Lösung sein kann, bzw. wenn keine Carbonatkonzentration in der Lösung ist, auch kein Partialdruck an Kohlendioxid existieren kann. Gleichzeitig erhält man für diesen Fall bei der Gl. (3.50) einen unbestimmten Ausdruck, was wieder bedeutet, dass eine Lösung mit beliebigem pH-Wert resultiert.

Funktionen des Systems 6

$$(p_{CO_2})_{1,2} = \frac{[CO_3^{2-}]}{2([CO_3^{2-}] - K_2)^2 K_1 K_H} \left(A \pm \sqrt{A^2 - 4K_W^2([CO_3^{2-}] - K_2)^2} \right)$$

$$(3.55)$$

mit

$$A = 4K_2[CO_3^{2-}]^2 - 4K_2[Alk][CO_3^{2-}] - 2K_W[CO_3^{2-}] + 2K_2 K_W + K_2[Alk]^2$$

$$(3.56)$$

$$[CO_3^{2-}]^3 - \left([Alk] + \frac{(K_1 K_H p_{CO_2} + K_W)^2}{4K_1 K_2 K_H p_{CO_2}}\right)[CO_3^{2-}]^2$$

$$+ \frac{[Alk]^2 + 2K_1 K_H p_{CO_2} + 2K_W}{4}[CO_3^{2-}] - \frac{K_1 K_2 K_H p_{CO_2}}{4} = 0$$

$$(3.57)$$

$$[Alk] = \left(\frac{K_1 K_2 K_H p_{CO_2}}{[CO_3^{2-}]}\right)^{\frac{1}{2}} \left(\frac{[CO_3^{2-}] - K_2}{K_2}\right) + 2[CO_3^{2-}] + K_W \left(\frac{K_1 K_2 K_H p_{CO_2}}{[CO_3^{2-}]}\right)^{-\frac{1}{2}}$$

$$(3.50)$$

In den folgenden 6 Systemen tritt immer die Kohlensäurekonzentration als eine Variable auf. Die entsprechenden 18 Gleichungen erhält man, indem man in den Systemen 1 bis 6 das Henry'sche Gesetz (Gl. 3.6) einsetzt. Daher gelten auch die analogen Gesetzmäßigkeiten wie bei den Systemen 1 bis 6. Da sich der Zahlenwert des Partialdrucks um den Faktor der Henry'schen Konstante unterscheidet, ist die Achse mit der Kohlensäure-Konzentration nur anders skaliert. Im Folgenden sind daher die 6 Systeme nur kurz behandelt und zur Verdeutlichung nur die jeweiligen 3D-Abbildungen im Anschluss der jeweiligen Gleichung gezeigt. Statt der Wasserstoffionenkonzentration wird zur besseren Anschaulichkeit in den Grafiken wieder der pH-Wert verwendet.

3.4.7   System 7 : $f([H_2CO_3], [H^+], [HCO_3^-])$-Beziehungen zwischen der Kohlensäurekonzentration, der Wasserstoffionenkonzentration und der Hydrogencarbonatkonzentration

In diesem Fall wird direkt von der Definitionsgleichung der ersten Säurekonstante der Kohlensäure (Gl. 3.7) ausgegangen:

$$\frac{[H^+][HCO_3^-]}{[H_2CO_3]} = K_1 \tag{3.7}$$

Umgeformt ergibt sich für die Kohlensäurekonzentration:

$$[H_2CO_3] = \frac{[H^+][HCO_3^-]}{K_1} \tag{3.61}$$

Die Abb. 3.31 zeigt die 3D-Fläche von Gl. (3.61).

Aus Gl. (3.7) folgt direkt die Wasserstoffionenkonzentration (Abb. 3.32):

$$[H^+] = \frac{K_1[H_2CO_3]}{[HCO_3^-]} \tag{3.62}$$

Für die Hydrogencarbonatkonzentration erhält man:

$$[HCO_3^-] = \frac{K_1[H_2CO_3]}{[H^+]} \tag{3.63}$$

Gleichung (3.63) als 3D-Fläche zeigt Abb. 3.33:

Logarithmiert man Gl. (3.63), so erhält man mit der Definition für den pH-Wert (Gl. 2.5) und den pK-Werten (Gl. 2.6) folgende Gleichung:

$$\lg[HCO_3^-] = pK_1 + pH + \lg[H_2CO_3] \tag{3.64}$$

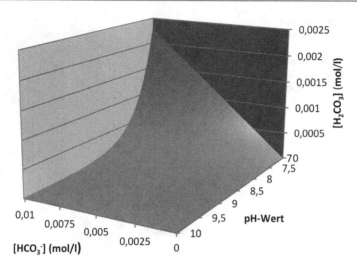

Abb. 3.31 Abhängigkeit der Kohlensäurekonzentration von der Hydrogencarbonatkonzentration und vom pH-Wert – Gl. (3.61). (© Gerhard Hobiger)

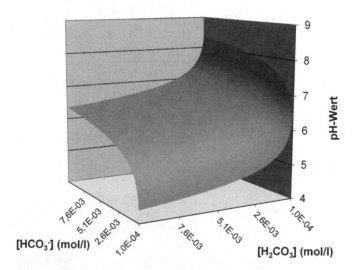

Abb. 3.32 Abhängigkeit des pH-Wertes von der Hydrogencarbonatkonzentration und der Kohlensäurekonzentration – Gl. (3.62). (© Gerhard Hobiger)

Diese Gleichung findet man oft in den hydrochemischen Büchern (z. B. bei Sigg und Stumm 2011). In Abb. 3.34 wird sie als 3D-Fläche dargestellt.

Bei konstanter Kohlensäurekonzentration ist die Hydrogencarbonatkonzentration nur mehr eine lineare Funktion mit Anstieg 1 des pH-Wertes. Die folgende Abb. 3.35 zeigt den Schnitt der Fläche aus Abb. 3.34 bei eine Kohlensäurekonzentration von 10^{-5} mol/l.

Abb. 3.33 Abhängigkeit der Hydrogencarbonatkonzentration von der Kohlensäurekonzentration und vom pH-Wert – Gl. (3.63). (© Gerhard Hobiger)

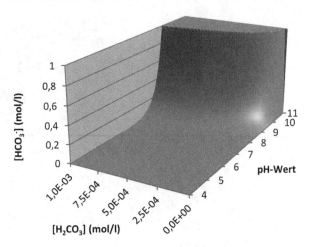

Funktionen des Systems 7

$$[H_2CO_3] = \frac{[H^+][HCO_3^-]}{K_1} \tag{3.61}$$

$$[H^+] = \frac{K_1[H_2CO_3]}{[HCO_3^-]} \tag{3.62}$$

$$[HCO_3^-] = \frac{K_1[H_2CO_3]}{[H^+]} \tag{3.63}$$

$$\lg[HCO_3^-] = pK_1 + pH + \lg[H_2CO_3] \tag{3.64}$$

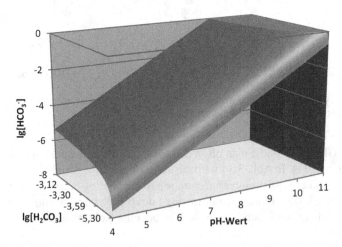

Abb. 3.34 Abhängigkeit des Logarithmus der Hydrogencarbonatkonzentration vom Logarithmus der Kohlensäurekonzentration und vom pH-Wert – Gl. (3.64). (© Gerhard Hobiger)

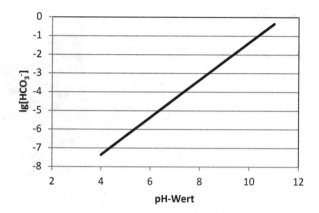

Abb. 3.35 Schnitt der 3D-Fläche aus Abb. 3.34 bei einer Konzentration an Kohlensäure von 10^{-5} mol/l. (© Gerhard Hobiger)

3.4.8 System 8 : $f([H_2CO_3], [H^+], [CO_3^{2-}])$-Beziehungen zwischen der Kohlensäurekonzentration, der Wasserstoffionenkonzentration und der Carbonatkonzentration

Um die Gleichungen dieses Systems zu berechnen, wird in die Gl. (3.26) des Systems 2 das Henry'sche Gesetz (Gl. 3.6) eingesetzt und entsprechend umgeformt:

$$K_1 = \frac{[H^+]^2[CO_3^{2-}]}{K_2[H_2CO_3]} \tag{3.65}$$

Daraus erhält man:

$$[H_2CO_3] = \frac{[H^+]^2[CO_3^{2-}]}{K_1K_2} \tag{3.66}$$

Die entsprechende 3D-Grafik zeigt die Abb. 3.36.

Für die Wasserstoffionenkonzentration gilt:

$$[H^+] = \sqrt{\frac{K_1K_2[H_2CO_3]}{[CO_3^{2-}]}} = \left(\frac{K_1K_2[H_2CO_3]}{[CO_3^{2-}]}\right)^{\frac{1}{2}} \tag{3.67}$$

Die entsprechende 3D-Fläche zeigt (Abb. 3.37).

Schließlich gilt für die Carbonatkonzentration:

$$[CO_3^{2-}] = \frac{K_1K_2[H_2CO_3]}{[H^+]^2} \tag{3.68}$$

Abb. 3.36 Abhängigkeit der Kohlensäurekonzentration von der Carbonatkonzentration und vom pH-Wert – Gl. (3.66). (© Gerhard Hobiger)

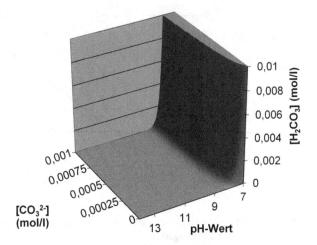

Abb. 3.37 Abhängigkeit des pH-Wertes von der Kohlensäurekonzentration und der Carbonatkonzentration – Gl. (3.67). (© Gerhard Hobiger)

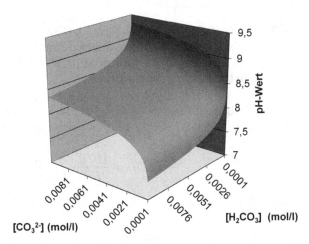

Die 3D-Grafik zeigt die Abb. 3.38.

Wird Gl. (3.68) logarithmiert und setzt man die Definitionen des pH-Wertes (Gl. 2.5) und der pK-Werte (Gl. 2.6) ein, so erhält man:

$$\lg [CO_3^{2-}] = \lg K_1 + \lg K_2 + \lg [H_2CO_3] + 2pH \qquad (3.69)$$

Diese Gleichung wird oft in der Hydrochemie verwendet (z. B. bei Sigg und Stumm 2011)

Die zur Gl. (3.69) entsprechende 3D-Fläche zeigt Abb. 3.39.

Bei einer konstanten Kohlensäurekonzentration ist die Carbonatkonzentration nur mehr vom pH-Wert abhängig. Diese Abhängigkeit erhält man durch einen Schnitt der 3D-Fläche von Abb. 3.39 bei einer bestimmten Konzentration an H_2CO_3. Abbildung 3.40 zeigt den Schnitt bei einer Kohlensäurekonzentration von 10^{-5} mol/l:

Im Unterschied zu Gl. (3.64) ist der Anstieg 2, wie der Vergleich beider Funktionen zeigt (Abb. 3.41):

Abb. 3.38 Abhängigkeit der Carbonatkonzentration von der Kohlensäurekonzentration und vom pH-Wert – Gl. (3.68). (© Gerhard Hobiger)

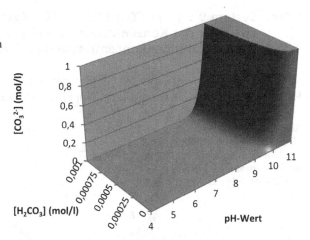

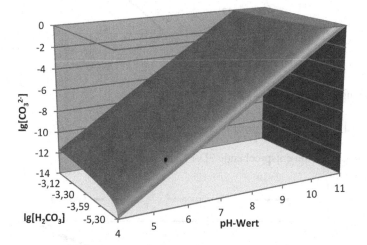

Abb. 3.39 Abhängigkeit des Logarithmus der Carbonatkonzentration vom Logarithmus der Konzentration an Kohlensäure und vom pH-Wert – Gl. (3.69). (© Gerhard Hobiger)

Funktionen des Systems 8

$$[H_2CO_3] = \frac{[H^+]^2[CO_3^{2-}]}{K_1K_2} \tag{3.66}$$

$$[H^+] = \sqrt{\frac{K_1K_2[H_2CO_3]}{[CO_3^{2-}]}} = \left(\frac{K_1K_2[H_2CO_3]}{[CO_3^{2-}]}\right)^{\frac{1}{2}} \tag{3.67}$$

$$[CO_3^{2-}] = \frac{K_1K_2[H_2CO_3]}{[H^+]^2} \tag{3.68}$$

$$\lg[CO_3^{2-}] = \lg K_1 + \lg K_2 + \lg[H_2CO_3] + 2pH \tag{3.69}$$

3.4.9   System 9 : $f([H_2CO_3], [H^+], [Alk])$-Beziehungen zwischen der Konzentration an Kohlensäure, der Wasserstoffionenkonzentration und der Alkalinität

Auch in diesem Fall wird nur in den Gleichungen des Systems 3 (Gl. 3.33–3.35) das Henry'sche Gesetz (Gl. 3.6) eingesetzt. Woraus für die Alkalinität folgende

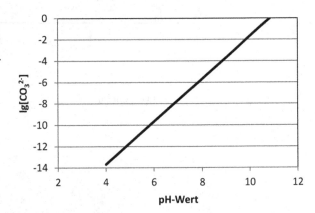

Abb. 3.40 Schnitt der 3D-Fläche aus Abb. 3.39 bei einer Konzentration an Kohlensäure von 10^{-5} mol/l. (© Gerhard Hobiger)

Gleichung resultiert:

$$[Alk] = \frac{K_1[H_2CO_3]}{[H^+]} + \frac{2K_1K_2[H_2CO_3]}{[H^+]^2} + \frac{K_W}{[H^+]} - [H^+] \qquad (3.70)$$

In Abb. 3.42 ist die entsprechende 3D-Fläche dargestellt.

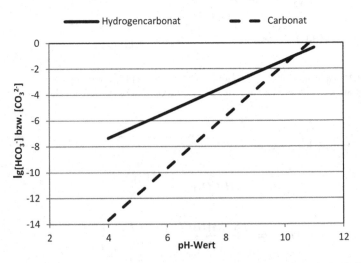

Abb. 3.41 Vergleich der beiden Schnittlinien der 3D-Flächen aus den Abb. 3.35, 3.40. (© Gerhard Hobiger)

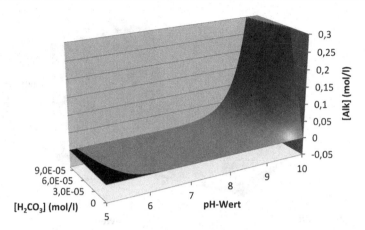

Abb. 3.42 Abhängigkeit der Alkalinität von der Kohlensäurekonzentration und vom pH-Wert – Gl. (3.70). (© Gerhard Hobiger)

Analog zur Gl. (3.33) aus System 3 gibt es auch hier Kombinationen von pH-Wert und Kohlensäurekonzentration, bei denen die Alkalinität negativ wird (in Abb. 3.42 schwarz gekennzeichnet). Dies bedeutet wieder einen Säureüberschuss, wodurch die Kohlensäure vertrieben werden würde.

Für die Kohlensäure erhält man nach einigen Umformungen:

$$\left(K_{HP\,CO_2}\right) = [H_2CO_3] = \frac{[H^+]^3 + [Alk][H^+]^2 - K_W[H^+]}{K_1[H^+] + 2K_1K_2}$$

$$= \frac{[H^+]([H^+]^2 + [Alk][H^+] - K_W)}{K_1([H^+] + 2K_2)} \qquad (3.71)$$

Folgende 3D-Fläche zeigt sich für die Gl. (3.71) in Abb. 3.43.

Wie bei Gl. (3.34) vom System 3 gibt es auch bei der Gl. (3.71) ungültige Bereiche, bei denen die Kohlensäurekonzentration negativ wird. Dieser Bereich ist in Abb. 3.43 schwarz dargestellt. Auch diese Null-Linie wird durch die Gl. (2.28) aus Kap. 2.3.1 beschrieben.

Für die Wasserstoffionenkonzentration ergibt sich wieder eine Gleichung 3. Grades, von der eine positive Lösung dem realen Wert entspricht. Diese muss wieder durch Berechnung der andern Parameter durch Ausschluss ermittelt werden:

$$[H^+]^3 + [Alk][H^+]^2 - (K_1[H_2CO_3] + K_W)[H^+] - 2K_1K_2[H_2CO_3] = 0 \quad (3.72)$$

Diese kubische Gleichung zeigt folgende 3D-Fläche (Abb. 3.44):

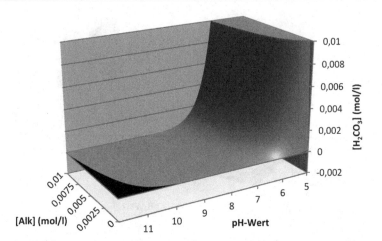

Abb. 3.43 Abhängigkeit der Kohlensäurekonzentration von der Alkalinität und dem pH-Wert – Gl. (3.71). (© Gerhard Hobiger)

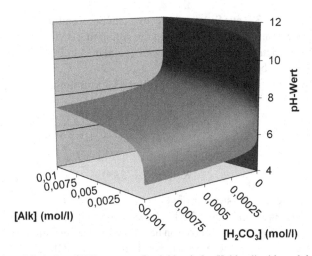

Abb. 3.44 Abhängigkeit des pH-Wertes vom Partialdruck des Kohlendioxids und der Alkalinität – Gl. (3.72). (© Gerhard Hobiger)

Funktionen des Systems 9

$$[H_2CO_3] = \frac{[H^+]^3 + [Alk][H^+]^2 - K_W[H^+]}{K_1[H^+] + 2K_1K_2} = \frac{[H^+]([H^+]^2 + [Alk][H^+] - K_W)}{K_1([H^+] + 2K_2)} \tag{3.71}$$

$$[H^+]^3 + [Alk][H^+]^2 - (K_1[H_2CO_3] + K_W)[H^+] - 2K_1K_2[H_2CO_3] = 0 \tag{3.72}$$

$$[Alk] = \frac{K_1[H_2CO_3]}{[H^+]} + \frac{2K_1K_2[H_2CO_3]}{[H^+]^2} + \frac{K_W}{[H^+]} - [H^+] \tag{3.70}$$

3.4.10   System 10 : $f([H_2CO_3], [HCO_3^-], [CO_3^{2-}])$-Beziehungen zwischen der Kohlensäurekonzentration, der Hydrogencarbonatkonzentration und der Carbonatkonzentration

Die Gleichungen ergeben sich, indem man das Henry'sche Gesetz (Gl. 3.6) in Gl. (3.36) des Systems 4 einsetzt und die einzelnen Variablen explizit stellt:

$$K_1 = \frac{K_2[HCO_3^-]^2}{[H_2CO_3][CO_3^{2-}]} \tag{3.73}$$

Nach Umformung erhält man für die Kohlensäurekonzentration:

$$[H_2CO_3] = \frac{K_2[HCO_3^-]^2}{K_1[CO_3^{2-}]} \tag{3.74}$$

Die 3D-Fläche ist in Abb. 3.45 dargestellt.

Für die Hydrogencarbonatkonzentration gilt:

$$[HCO_3^-] = \sqrt{\frac{K_1[H_2CO_3][CO_3^{2-}]}{K_2}} = \left(\frac{K_1[H_2CO_3][CO_3^{2-}]}{K_2}\right)^{\frac{1}{2}} \tag{3.75}$$

Die Abb. 3.46 zeigt die Gl. (3.75) als 3D-Fläche.

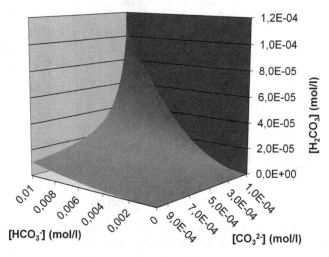

Abb. 3.45 Abhängigkeit der Kohlensäurekonzentration von der Hydrogencarbonatkonzentration und von der Carbonatkonzentration – Gl. (3.73). (© Gerhard Hobiger)

Abb. 3.46 Abhängigkeit der Hydrogencarbonatkonzentration von der Kohlensäurekonzentration und von der Carbonatkonzentration – Gl. (3.75). (© Gerhard Hobiger)

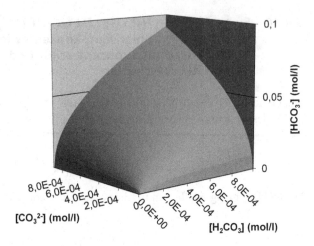

Schließlich ergibt sich für die Carbonatkonzentration:

$$[CO_3^{2-}] = \frac{K_2[HCO_3^-]^2}{K_1[H_2CO_3]} \qquad (3.76)$$

Die Darstellung der Gl. (3.76) als 3D-Fläche zeigt Abb. 3.47:

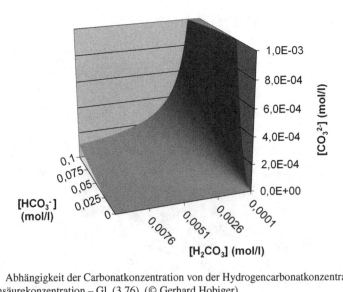

Abb. 3.47 Abhängigkeit der Carbonatkonzentration von der Hydrogencarbonatkonzentration und der Kohlensäurekonzentration – Gl. (3.76). (© Gerhard Hobiger)

Abb. 3.48 Abhängigkeit der Hydrogencarbonatkonzentration von der Kohlensäurekonzentration und der Alkalinität – Gl. (3.77). (© Gerhard Hobiger)

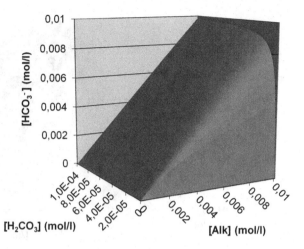

Funktionen des Systems 10

$$[H_2CO_3] = \frac{K_2[HCO_3^-]^2}{K_1[CO_3^{2-}]} \tag{3.74}$$

$$[HCO_3^-] = \sqrt{\frac{K_1[H_2CO_3][CO_3^{2-}]}{K_2}} = \left(\frac{K_1[H_2CO_3][CO_3^{2-}]}{K_2}\right)^{\frac{1}{2}} \tag{3.75}$$

$$[CO_3^{2-}] = \frac{K_2[HCO_3^-]^2}{K_1[H_2CO_3]} \tag{3.76}$$

3.4.11   System 11: $f([H_2CO_3], [HCO_3^-], [Alk])$-Beziehungen zwischen der Konzentration der Kohlensäure, der Hydrogencarbonatkonzentration und der Alkalinität

Setzt man in die Gleichungen des Systems 5 (Gl. 3.41, 3.47 und 3.48) das Henry'sche Gesetz Gl. (3.6) ein, so erhält man die entsprechenden Gleichungen:

$$[HCO_3^-]^3 + \left(\frac{K_1[H_2CO_3] + K_W}{2K_2}\right)[HCO_3^-]^2 - \frac{K_1[H_2CO_3][Alk]}{2K_2}[HCO_3^-]$$

$$-\frac{K_1^2[H_2CO_3]^2}{2K_2} = 0 \tag{3.77}$$

Die entsprechende 3D-Fläche zeigt die Abb. 3.48.

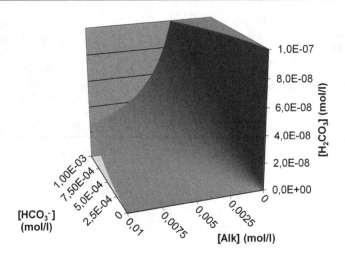

Abb. 3.49 Abhängigkeit der Kohlensäurekonzentration von der Hydrogencarbonatkonzentration und von der Alkalinität – Gl. (3.78). (© Gerhard Hobiger)

Für die Konzentration der Kohlensäure erhält man wieder eine quadratische Gleichung, deren Lösung die folgende Gleichung ist:

$$([H_2CO_3])_{1,2} = \frac{[HCO_3^-]}{2K_1}\left(([HCO_3^-] - [Alk]) \pm \sqrt{([HCO_3^-] - [Alk])^2 + 8K_2[HCO_3^-] + 4K_W}\right)$$

$$(3.78)$$

Die zweite Lösung (negative Wurzel) gibt wieder keine chemisch sinnvollen Werte für die Kohlensäurekonzentration.

Als 3D-Fläche zeigt sich Gl. (3.78) in der Abb. 3.49.

Die Alkalinität berechnet sich nachfolgender Gleichung:

$$[Alk] = [HCO_3^-] + \frac{2K_2[HCO_3^-]^2}{K_1[H_2CO_3]} + \frac{K_W[HCO_3^-]}{K_1[H_2CO_3]} - \frac{K_1[H_2CO_3]}{[HCO_3^-]} \qquad (3.79)$$

Die 3D-Fläche von Gl. (3.79) zeigt Abb. 3.50.

Funktionen des Systems 11

$$([H_2CO_3])_{1,2} = \frac{[HCO_3^-]}{2K_1}\left(([HCO_3^-] - [Alk]) \pm \sqrt{([HCO_3^-] - [Alk])^2 + 8K_2[HCO_3^-] + 4K_W}\right)$$

$$(3.78)$$

$$[HCO_3^-]^3 + \left(\frac{K_1[H_2CO_3] + K_W}{2K_2}\right)[HCO_3^-]^2 - \frac{K_1[H_2CO_3][Alk]}{2K_2}[HCO_3^-] - \frac{K_1^2[H_2CO_3]^2}{2K_2} = 0$$

$$(3.77)$$

$$[Alk] = [HCO_3^-] + \frac{2K_2[HCO_3^-]^2}{K_1[H_2CO_3]} + \frac{K_W[HCO_3^-]}{K_1[H_2CO_3]} - \frac{K_1[H_2CO_3]}{[HCO_3^-]} \qquad (3.79)$$

Abb. 3.50 Abhängigkeit der
Alkalinität von der
Kohlensäurekonzentration
und der Hydrogencarbonat-
konzentration – Gl. (3.79).
(© Gerhard Hobiger)

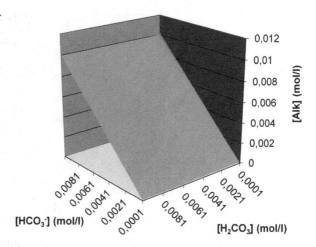

3.4.12   System 12 : $f([H_2CO_3], [CO_3^{2-}], [Alk])$-Beziehungen zwischen der Konzentration der Kohlensäure der Carbonatkonzentration und der Alkalinität

Um diese Beziehungen zu erhalten, wird in den Gleichungen vom System 6 (Gl. 3.50, 3.53 und (3.55 mit 3.56)) das Henry'sche Gesetz (Gl. 3.6) berücksichtigt.

Für die Alkalinität aus Gl. (3.50) folgt:

$$[Alk] = \left(\frac{K_1 K_2 [H_2 CO_3]}{[CO_3^{2-}]}\right)^{\frac{1}{2}} \left(\frac{[CO_3^{2-}] - K_2}{K_2}\right) + 2[CO_3^{2-}] + K_W \left(\frac{K_1 K_2 [H_2 CO_3]}{[CO_3^{2-}]}\right)^{-\frac{1}{2}}$$

(3.80)

Die Abb. 3.51 zeigt Gl. (3.80) als 3D-Fläche.

Für die Carbonatkonzentration gilt:

$$[CO_3^{2-}]^3 - \left([Alk] + \frac{(K_1[H_2CO_3] + K_W)^2}{4 K_1 K_2 [H_2 CO_3]}\right) [CO_3^{2-}]^2$$

$$+ \frac{[Alk]^2 + 2K_1[H_2CO_3] + 2K_W}{4}[CO_3^{2-}] - \frac{K_1 K_2 [H_2 CO_3]}{4} = 0$$

(3.81)

Die 3D-Fläche zeigt Abb. 3.52.

Mit dem Henry'schen Gesetz (Gl. 3.6) ergibt sich aus Gl. (3.55).

$$([H_2CO_3])_{1,2} = \frac{[CO_3^{2-}]}{2([CO_3^{2-}] - K_2)^2 K_1} \left(A \pm \sqrt{A^2 - 4K_W^2([CO_3^{2-}] - K_2)^2}\right)$$

(3.82)

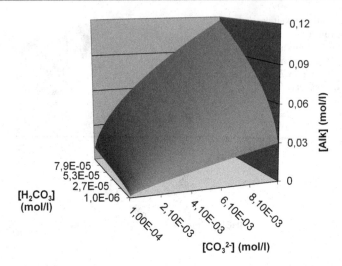

Abb. 3.51 Abhängigkeit der Alkalinität von der Kohlensäurekonzentration und der Carbonatkonzentration – Gl. (3.80). (© Gerhard Hobiger)

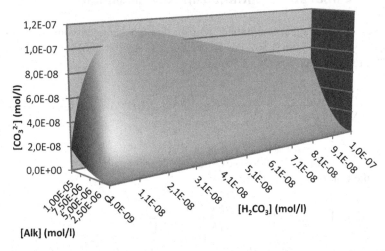

Abb. 3.52 Abhängigkeit der Carbonatkonzentration von der Kohlensäurekonzentration und von der Alkalinität – Gl. (3.81). (© Gerhard Hobiger)

Da in Gl. (3.56) des Systems 6 von K_H unabhängig ist, kann sie direkt übernommen werden und es gilt für A:

$$A = 4K_2[CO_3^{2-}]^2 - 4K_2[Alk][CO_3^{2-}] - 2K_w[CO_3^{2-}] + 2K_2K_w + K_2[Alk]^2 \tag{3.56}$$

Abb. 3.53 Abhängigkeit der Kohlensäurekonzentration von der Carbonatkonzentration und von der Alkalinität – Gl. (3.82 + 3.56) (positive Wurzel). (© Gerhard Hobiger)

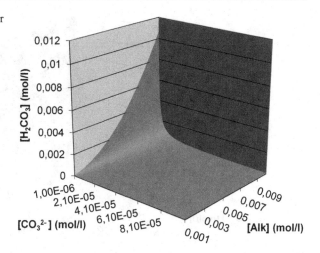

Wie schon bei System 6 gibt es auch bei dieser Gleichung zwei Lösungen. Die entsprechenden 3D-Flächen zeigen die Abb. 3.53 (positive Wurzel) und Abb. 3.54 (negative Wurzel).

Funktionen des Systems 12

$$([H_2CO_3])_{1,2} = \frac{[CO_3^{2-}]}{2([CO_3^{2-}] - K_2)^2 K_1}\left(A \pm \sqrt{A^2 - 4K_W^2([CO_3^{2-}] - K_2)^2}\right)$$
(3.82)

mit

$$A = 4K_2[CO_3^{2-}]^2 - 4K_2[Alk][CO_3^{2-}] - 2K_W[CO_3^{2-}] + 2K_2K_W + K_2[Alk]^2$$
(3.56)

$$[CO_3^{2-}]^3 - \left([Alk] + \frac{(K_1[H_2CO_3] + K_W)^2}{4K_1K_2[H_2CO_3]}\right)[CO_3^{2-}]^2$$
$$+ \frac{[Alk]^2 + 2K_1[H_2CO_3] + 2K_W}{4}[CO_3^{2-}] - \frac{K_1K_2[H_2CO_3]}{4} = 0$$
(3.81)

$$[Alk] = \left(\frac{K_1K_2[H_2CO_3]}{[CO_3^{2-}]}\right)^{\frac{1}{2}}\left(\frac{[CO_3^{2-}] - K_2}{K_2}\right) + 2[CO_3^{2-}] + K_W\left(\frac{K_1K_2[H_2CO_3]}{[CO_3^{2-}]}\right)^{-\frac{1}{2}}$$
(3.80)

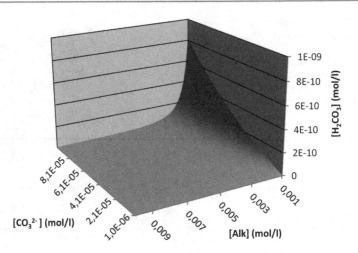

Abb. 3.54 Abhängigkeit der Kohlensäurekonzentration von der Carbonatkonzentration und von der Alkalinität – Gl. (3.82 + 3.56) (negative Wurzel). (© Gerhard Hobiger)

3.4.13   System 13 : $f([H^+], [HCO_3^-], [CO_3^{2-}])$-Beziehungen zwischen der Wasserstoffionenkonzentration, der Hydrogencarbonatkonzentration und der Carbonatkonzentration

Bei diesem System geht man von der Definitionsgleichung für die zweite Dissoziationskonstante der Kohlensäure Gl. (3.8) aus, woraus alle anderen expliziten Gleichungen dargestellt werden können:

$$K_2 = \frac{[H^+][CO_3^{2-}]}{[HCO_3^-]} \qquad (3.8)$$

Daraus ergibt sich für die Wasserstoffionenkonzentration:

$$[H^+] = \frac{K_2[HCO_3^-]}{[CO_3^{2-}]} \qquad (3.83)$$

Mit dieser Gleichung lässt sich aus dem Verhältnis der Hydrogencarbonatkonzentration und Carbonatkonzentration die Wasserstoffionenkonzentration und somit den pH-Wert der Lösung berechnen. Geht die Hydrogencarbonatkonzentration gegen null, so geht, wie bereits besprochen, auch die Carbonatkonzentration gegen null und umgekehrt. Dadurch erhält man einen unbestimmten Ausdruck der Form „0/0". Dies bedeutet aber nur, dass man eine Lösung mit einem beliebigen pH-Wert erhalten kann, wenn keine Kohlensäurespezies in der Lösung enthalten sind. Die folgende Abb. 3.55 zeigt das 3D-Bild dieser Gleichung.

Der flache Bereich zeigt den großen Pufferbereich des Carbonat-Hydrogencarbonat-Puffers an. Dieser große Pufferbereich ist aus der Praxis

Abb. 3.55 Abhängigkeit des pH-Wertes von der Hydrogencarbonat- und Carbonatkonzentration – Gl. (3.83). (© Gerhard Hobiger)

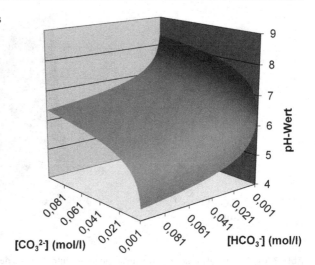

bekannt und spielt bei vielen chemischen Reaktionen in der Natur eine bedeutende Rolle.

Für die Hydrogencarbonatkonzentration ergibt sich aus Gl. (3.83) durch einfaches Umformen die folgende Gl. (3.84):

$$[HCO_3^-] = \frac{[H^+][CO_3^{2-}]}{K_2} \tag{3.84}$$

Diese Gleichung gibt die Abhängigkeit der Hydrogencarbonatkonzentration von der Wasserstoffionenkonzentration bzw. dem pH-Wert und der Carbonatkonzentration in der Lösung an. Leicht erkennt man, dass, wenn, die Hydrogencarbonatkonzentration gegen null geht, auch die Carbonatkonzentration gegen null gehen muss. Des Weiteren erkennt man, dass bei konstanter Carbonatkonzentration und fallendem pH-Wert die Hydrogencarbonatkonzentration steigt. Dies muss so sein, da bei Säurezusatz das Gleichgewicht zugunsten des Hydrogencarbonats verschoben wird. In weiterer Folge muss natürlich auch die Kohlensäurekonzentration zunehmen und auch der Partialdruck des Kohlendioxids entsprechend steigen. Die entsprechende 3D-Fläche dieser Gleichung wird in Abb. 3.56 dargestellt.

Entsprechend ergibt sich für die Carbonatkonzentration:

$$[CO_3^{2-}] = \frac{K_2[HCO_3^-]}{[H^+]} \tag{3.85}$$

Mit dieser Gleichung lässt sich aus dem pH-Wert und der Hydrogencarbonatkonzentration einer Lösung die Carbonatkonzentration berechnen. Auch hier sieht man, dass bei verschwindendem Hydrogencarbonatgehalt auch die Carbonatkonzentration null werden muss. Des Weiteren steigt natürlich die Carbonatkonzentration bei steigendem pH-Wert an, was aus der Praxis bekannt ist. Als 3D-Fläche sieht diese Gleichung wie folgt aus (Abb. 3.57):

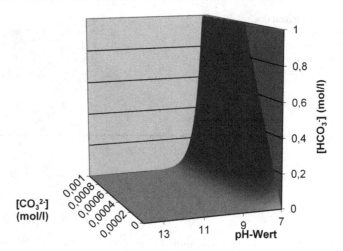

Abb. 3.56 Abhängigkeit der Hydrogencarbonatkonzentration von der Carbonatkonzentration und vom pH-Wert – Gl. (3.84). (© Gerhard Hobiger)

Abb. 3.57 Abhängigkeit der Carbonatkonzentration von der Hydrogencarbonatkonzentration und vom pH-Wert – Gl. (3.85). (© Gerhard Hobiger)

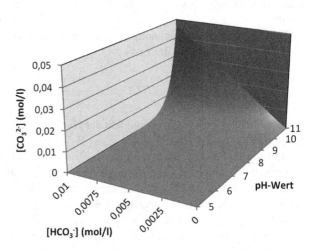

Funktionen des Systems 13

$$[H^+] = \frac{K_2[HCO_3^-]}{[CO_3^{2-}]} \qquad (3.83)$$

$$[HCO_3^-] = \frac{[H^+][CO_3^{2-}]}{K_2} \qquad (3.84)$$

$$[CO_3^{2-}] = \frac{K_2[HCO_3^-]}{[H^+]} \qquad (3.85)$$

Abb. 3.58 Abhängigkeit der Alkalinität von der Hydrogencarbonatkonzentration und vom pH-Wert – Gl. (3.86). (© Gerhard Hobiger)

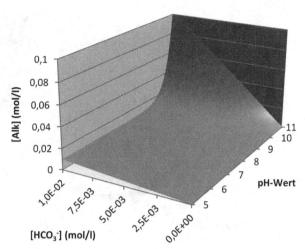

3.4.14 System 14 : $f([H^+], [HCO_3^-], [Alk])$-Beziehungen zwischen der Wasserstoffikonenkonzentration, der Hydrogencarbonatkonzentration und der Alkalinität

Setzt man für die Carbonatkonzentration die Gl. (3.85) vom System 13 in die Definitionsgleichung der Alkalinität Gl. (3.9) ein, so folgt nach einfacher Umformung für die Alkalinität:

$$[Alk] = [HCO_3^-]\left(1 + \frac{2K_2}{[H^+]}\right) + \frac{K_W}{[H^+]} - [H^+] \qquad (3.86)$$

Mit dieser wichtigen hydrochemischen Gleichung ist es möglich, bei bekanntem pH-Wert und bekannter Hydrogencarbonatkonzentration die Alkalinität des Wassers zu berechnen, was bei vielen wasserchemischen Aufgabenstellungen notwendig ist. Die zugehörige 3D-Fläche zeigt Abb. 3.58.

Bei dieser Gl. (3.86) gibt es nur bei der Hydrogencarbonatkonzentration 0 im sauren Bereich (also reines Wasser und pH < $pK_W/2$) negative Alkalinitätswerte, die jedoch aufgrund des Maßstabes der Abbildung nicht sichtbar sind.

Nach der Hydrogencarbonatkonzentration aufgelöst ergibt sich:

$$[HCO_3^-] = \frac{[H^+]^2 + [H^+][Alk] - K_W}{[H^+] + 2K_2} = \frac{[H^+] + [Alk] - \frac{K_W}{[H^+]}}{1 + \frac{2K_2}{[H^+]}} \qquad (3.87)$$

Dies ist wieder eine der wichtigsten Grundgleichungen der gesamten Wasserchemie. Daraus lässt sich aus den beiden leicht messbaren bzw. bestimmbaren Größen, pH-Wert und Alkalinität der Lösung, direkt die Hydrogencarbonatkonzentration berechnen. Auch diese Gleichung findet sich in der hydrochemischen Literatur (z. B. bei Sigg und Stumm 2011)

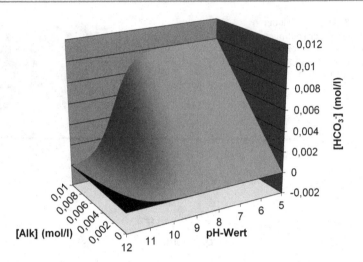

Abb. 3.59 Abhängigkeit der Hydrogencarbonatkonzentration vom pH-Wert und der Alkalinität – Gl. (3.87). (© Gerhard Hobiger)

Das heißt, wenn die Alkalinität und der pH-Wert eines Wassers bekannt sind, so kann somit die Hydrogencarbonatkonzentration berechnet werden. Die entsprechende 3D-Fläche zeigt Abb. 3.59.

In Abb. 3.59 erkennt man, dass bei bestimmten Kombinationen von pH-Werten und Alkalinitäten eine chemisch sinnlose negative Hydrogencarbonatkonzentration auftritt (schwarzer Bereich). Wann die 3D-Fläche die 0-Ebene durchschneidet, erhält man, indem Gl. (3.87) gleich null gesetzt wird. Dies tritt dann ein, wenn der Zähler null wird, woraus die schon bekannte Gl. (2.28) aus Kap. 2.3.1 resultiert. Dort sind auch die Eigenschaften dieser Gleichung beschrieben und erläutert.

$$[H^+]^2 + [Alk][H^+] - K_w = 0 \qquad (2.28)$$

bzw. umgeformt:

$$[Alk] = \frac{K_W - [H^+]^2}{[H^+]} = \frac{K_W}{[H^+]} - [H^+] = [OH^-] - [H^+] \qquad (2.27)$$

Die Gl. (3.87) wird genau dann null, wenn Gl. (2.28) ebenfalls erfüllt ist. Dies ist laut Kap. 2.3.1 genau dann der Fall, wenn die Alkalinität gleich der Differenz der Hydroxidionen und der Wasserstoffionen ist (Gl. (2.27)). Anders ausgedrückt, heißt das, dass die Lösung ohne Kohlensäurespezies eine bestimmte Alkalinität besitzt, welche natürlich unabhängig von der Kohlensäurekonzentration sein muss und einem bestimmten pH-Wert entspricht. Aus der entsprechenden Abb. 2.1 der Gl. (2.27) lässt sich leicht ablesen, welchen pH-Wert eine Lösung mit einer Alkalinität ohne Kohlensäurespezies besitzt. Dies bedeutet, dass man, um eine alkalische Lösung mit Kohlensäurespezies herzustellen, immer eine Alkalinität dazu braucht, da die reine Kohlensäure, wie im Anhang 1 gezeigt wird, nie alkalisch

Abb. 3.60 Abhängigkeit des pH-Wertes von der Hydrogencarbonatkonzentration und der Alkalinität – Gl. (3.89). (© Gerhard Hobiger)

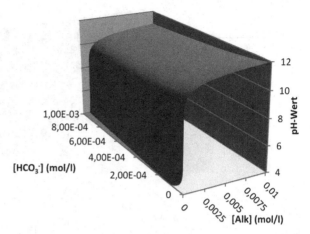

reagieren kann. Umso höher die Alkalinität ist, desto höher kann daher auch die Hydrogencarbonatkonzentration sein.

Aus Gl. (3.86) ergibt sich bei bekannter Alkalinität und Hydrogencarbonatkonzentration eine quadratische Gleichung für die Wasserstoffionenkonzentration:

$$[H^+]^2 + ([Alk] - [HCO_3^-])[H^+] - 2[HCO_3^-]K_2 - K_W = 0 \qquad (3.88)$$

$$[H^+]_{1,2} = \frac{1}{2}\left([HCO_3^-] - [Alk] \pm \sqrt{([HCO_3^-] - [Alk])^2 + 8K_2[HCO_3^-] + 4K_w}\right)$$
$$(3.89)$$

Die zugehörige 3D-Fläche zeigt Abb. 3.60.

Die zweite Lösung der quadratischen Gleichung liefert wieder irreale negative Wasserstoffionenkonzentrationen.

Der Fall für [Alk] = 0 mol/l entspricht der reinen Kohlensäurelösung und wird im Kap. 4 besprochen.

Funktionen des Systems 14

$$[H^+]_{1,2} = \frac{1}{2}\left([HCO_3^-] - [Alk] \pm \sqrt{([HCO_3^-] - [Alk])^2 + 8K_2[HCO_3^-] + 4K_w}\right)$$
$$(3.89)$$

$$[HCO_3^-] = \frac{[H^+]^2 + [H^+][Alk] - K_W}{[H^+] + 2K_2} = \frac{[H^+] + [Alk] - \frac{K_W}{[H^+]}}{1 + \frac{2K_2}{[H^+]}} \qquad (3.87)$$

$$[Alk] = [HCO_3^-]\left(1 + \frac{2K_2}{[H^+]}\right) + \frac{K_W}{[H^+]} - [H^+] \qquad (3.86)$$

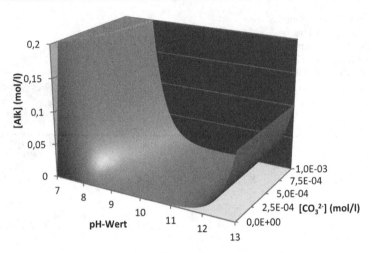

Abb. 3.61 Abhängigkeit der Alkalinität von der Carbonatkonzentration und vom pH-Wert – Gl. (3.90). (© Gerhard Hobiger)

3.4.15 System 15 : $f([H^+], [CO_3^{2-}], [Alk])$-Beziehungen zwischen der Wasserstoffionenkonzentration, der Carbonatkonzentration und der Alkalinität

Zunächst wird in die Gleichung der Alkalinität Gl. (3.9) die Hydrogencarbonatkonzentration mit Gl. (3.84) aus System 13 substituiert:

$$[Alk] = \frac{[H^+][CO_3^{2-}]}{K_2} + 2[CO_3^{2-}] + \frac{K_W}{[H^+]} - [H^+] \qquad (3.90)$$

Ist der pH-Wert und die Carbonatkonzentration bekannt, so kann mit Gl. (3.90) die Alkalinität berechnet werden. Da der Gehalt an Carbonat meist nicht direkt bestimmbar ist, wird diese Gleichung nur für spezielle wasserchemische Berechnungen angewandt. Setzt man die Alkalinität gleich null, so erhält man den Fall der reinen Kohlensäure, der im Kap. 4 besprochen wird. Die 3D-Fläche von Gl. (3.90) zeigt Abb. 3.61:

Für die Carbonatkonzentration erhält man aus Gl. (3.90):

$$[CO_3^{2-}] = \frac{[H^+]^2 K_2 + K_2[Alk][H^+] - K_2 K_W}{[H^+]^2 + 2[H^+]K_2} \qquad (3.91)$$

Mithilfe dieser Gleichung lässt sich die Carbonatkonzentration bei bekannter Alkalinität und bekanntem pH-Wert berechnen. Die zugehörige 3D-Fläche zeigt Abb. 3.62.

Betrachtet man die 3D-Fläche, so erkennt man, dass es bei bestimmten Kombinationen von pH-Werten und Alkalinitäten zu chemisch sinnlosen negativen Carbonatkonzentrationswerten kommt. Dieser negative Flächenteil ist schwarz

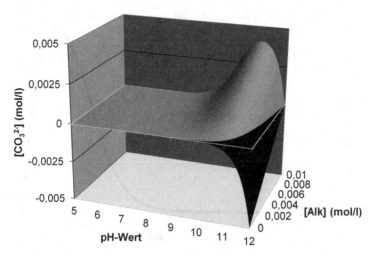

Abb. 3.62 Abhängigkeit der Carbonatkonzentration von der Alkalinität und dem pH-Wert – Gl. (3.91). (© Gerhard Hobiger)

eingefärbt. Die Frage ist nun, bei welchen Kombinationen tritt dies auf und was bedeutet dies chemisch? Um dies zu beantworten, muss man wissen wo die Gl. (3.91) null wird. Dann erhält man eine Beziehung zwischen der Wasserstoffionenkonzentration und der Alkalinität, wann die 3D-Fläche die 0-Ebene schneidet (d. h. $[CO_3^{2-}] = 0$ mol/l).

Wie üblich, wird die Gl. (3.80) dann 0, wenn der Zähler 0 wird, der nach Kürzen durch K_2 wieder zu der aus Kap. 2.3.1 schon bekannten Gl. (2.28) führt:

$$[H^+]^2 + [Alk][H^+] - K_w = 0 \tag{2.28}$$

Auch hier gilt das im Kap. 2.3.1 Gesagte.

Andererseits lässt sich aus der Grafik in Abb. 3.62 ablesen, dass die Carbonatkonzentration in der räumlichen Fläche eine Maximumslinie besitzt (Falte in der 3D-Abbildung). Dadurch tritt mathematisch der Fall ein, dass es sich um keine eindeutige Beziehung handelt. Und es gibt zu einer Carbonatkonzentration 2 pH-Werte.

Die folgende Abb. 3.63 zeigt dieses Verhalten bei einem Schnitt durch die Grafik in Abb. 3.62 bei einer Alkalinität von 0,005 mol/l.

Um dieses Verhalten zu deuten, muss man auch die anderen Parameter berechnen. Dabei zeigt sich, dass die geringe Carbonatkonzentration bei hohen pH-Werten nur durch einen geringen Partialdruck erreicht wird. Mit steigendem Partialdruck erhöht sich die Carbonatkonzentration bis zu einem maximalen Wert. Dann wird durch den erhöhten Partialdruck die Kohlensäurekonzentration erhöht, wodurch eine Neutralisation eintritt und die Carbonatkonzentration abnimmt. Gleichzeitig nimmt die Hydrogencarbonatkonzentration zu.

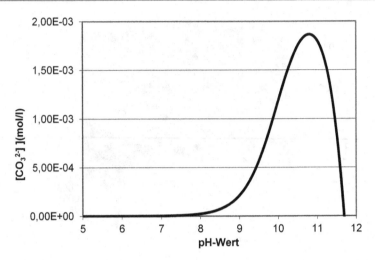

Abb. 3.63 Schnitt durch die Grafik in Abb. 3.62 bei einer Alkalinität von 0,005 mol/l. (© Gerhard Hobiger)

Durch Umformung von Gl. (3.90) erhält man für die Wasserstoffionenkonzentration eine Gleichung 2. Grades:

$$\left([CO_3^{2-}] - K_2\right)[H^+]^2 + \left(2[CO_3^{2-}] - [Alk]\right)K_2[H^+] + K_2 K_W = 0 \qquad (3.92)$$

Für die Wasserstoffionenkonzentration ergibt sich daher:

$$[H^+]_{1,2} = \frac{1}{2\left([CO_3^{2-}] - K_2\right)}\left(K_2\left([Alk] - 2[CO_3^{2-}]\right)\right.$$

$$\left. \pm\sqrt{K_2^2\left(2[CO_3^{2-}] - [Alk]\right)^2 - 4K_2 K_W[CO_3^{2-}] + 4K_2^2 K_W}\right)$$

$$(3.93)$$

Aufgrund der quadratischen Gleichung existieren 2 Lösungen. Die beiden 3D-Flächen der Gl. (3.93) zeigen die folgenden Abb. 3.64 und 3.65. Auch hier wird wieder zur besseren Anschaulichkeit der pH-Wert anstatt der Wasserstoffionenkonzentration verwendet. Des Weiteren wird die Gleichung wieder bei einer Carbonatkonzentration, die den Zahlenwert der 2. Dissoziationsstufe K_2 annimmt, unbestimmbar.

Von diesen drei Gleichungen ist nur Gl. (3.91) von Bedeutung, da mit deren Hilfe die Carbonatkonzentration eines Wassers aus den leicht messbaren Parametern Alkalinität und pH-Wert berechenbar ist.

Setzt man wieder die Alkalinität gleich null, so erhält man die reine Kohlensäure, die im Kap. 4 besprochen wird.

Abb. 3.64 Abhängigkeit des pH-Wertes von der Carbonatkonzentration und der Alkalinität – Gl. (3.93) (positive Wurzel). (© Gerhard Hobiger)

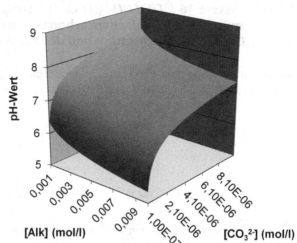

Abb. 3.65 Abhängigkeit des pH-Wertes von der Carbonatkonzentration und der Alkalinität – Gl. (3.93) (negative Wurzel). (© Gerhard Hobiger)

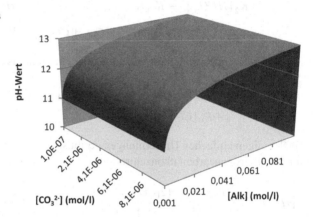

Funktionen des Systems 15

$$[H^+]_{1,2} = \frac{1}{2([CO_3^{2-}] - K_2)} \left(K_2([Alk] - 2[CO_3^{2-}]) \right.$$
$$\left. \pm \sqrt{K_2^2(2[CO_3^{2-}] - [Alk])^2 - 4K_2K_W[CO_3^{2-}] + 4K_2^2K_W} \right) \tag{3.93}$$

$$[CO_3^{2-}] = \frac{[H^+]^2 K_2 + K_2[Alk][H^+] - K_2K_W}{[H^+]^2 + 2[H^+]K_2} \tag{3.91}$$

$$[Alk] = \frac{[H^+][CO_3^{2-}]}{K_2} + 2[CO_3^{2-}] + \frac{K_W}{[H^+]} - [H^+] \tag{3.90}$$

3.4.16   System 16 : $f([HCO_3^-], [CO_3^{2-}], [Alk])$-Beziehungen zwischen der Hydrogencarbonatkonzentration, der Carbonatkonzentration und der Alkalinität

Bei diesem letzten System wird in die Definitionsgleichung der Alkalinität (Gl. 3.9) in die Gl. (3.83) vom System 13 eingesetzt:

$$[H^+] = \frac{K_2[HCO_3^-]}{[CO_3^{2-}]} \tag{3.83}$$

in

$$[Alk] = [HCO_3^-] + 2[CO_3^{2-}] + \frac{K_W}{[H^+]} - [H^+] \tag{3.9}$$

eingesetzt, ergibt nach einfachen Umformungen folgende Gleichung:

$$K_2^2[HCO_3^-]^2 - K_2[HCO_3^-]^2[CO_3^{2-}] - 2K_2[HCO_3^-][CO_3^{2-}]^2$$
$$+ K_2[Alk][HCO_3^-][CO_3^{2-}] - K_W[CO_3^{2-}]^2 = 0 \tag{3.94}$$

Für die Hydrogencarbonatkonzentration erhält man daraus eine Gleichung 2. Grades:

$$\left([CO_3^{2-}] - K_2\right) K_2[HCO_3^-]^2 + \left(2[CO_3^{2-}] - [Alk]\right) K_2[CO_3^{2-}][HCO_3^-]$$
$$+ K_w[CO_3^{2-}] = 0 \tag{3.95}$$

Nach einigen einfachen Umformungen ergibt sich folgende quadratische Gleichung für die Hydrogencarbonatkonzentration:

$$[HCO_3^-]^2 + \frac{K_2[CO_3^{2-}](2[CO_3^{2-}] - [Alk])}{K_2([CO_3^{2-}] - K_2)}[HCO_3^-] + \frac{K_W[CO_3^{2-}]^2}{K_2([CO_3^{2-}] - K_2)} = 0 \tag{3.96}$$

Nach Auflösung erhält man:

$$\left([HCO_3^-]\right)_{1,2} = \frac{[CO_3^{2-}]}{2K_2([CO_3^{2-}] - K_2)} \left(K_2([Alk] - 2[CO_3^{2-}]) \right.$$
$$\left. \pm \sqrt{K_2^2(2[CO_3^{2-}] - [Alk])^2 - 4K_2K_W([CO_3^{2-}] - K_2)} \right) \tag{3.97}$$

Bei dieser Gleichung gibt es 2 mögliche positive Lösungen, welche in den folgenden beiden Abb. (3.66 und 3.67) gezeigt sind.

Welche Lösung die richtige ist, muss in jedem Fall geprüft und dann entschieden werden, was nur über die Berechnung der anderen Parameter und den Ausschluss von irrealen Werten erfolgen kann.

Abb. 3.66 Abhängigkeit der Hydrogencarbonatkonzentration von der Carbonatkonzentration und der Alkalinität – Gl. (3.97) (positive Wurzel). (© Gerhard Hobiger)

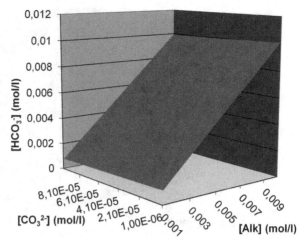

Auch die Unbestimmbarkeit der Gleichung, wenn die Carbonatkonzentration gleich dem Zahlenwert der 2. Dissoziationskonstante wird, ist wieder vorhanden.

Wird Gl. (3.94) nach der Carbonatkonzentration aufgelöst, so bekommt man eine quadratische Gleichung in der Carbonatkonzentration:

$$[CO_3^{2-}]^2 + \frac{K_2[HCO_3^-]\left([HCO_3^-] - [Alk]\right)}{2K_2[HCO_3^-] + K_W}[CO_3^{2-}] - \frac{K_2^2[HCO_3^-]^2}{2K_2[HCO_3^-] + K_W} = 0$$

(3.98)

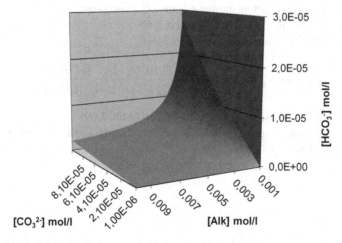

Abb. 3.67 Abhängigkeit der Hydrogencarbonatkonzentration von der Carbonatkonzentration und der Alkalinität – Gl. (3.97) (negative Wurzel). (© Gerhard Hobiger)

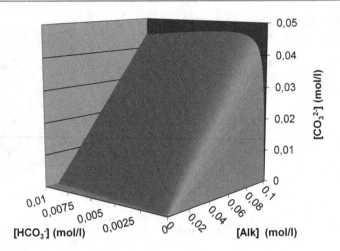

Abb. 3.68 Abhängigkeit der Carbonatkonzentration von der Hydrogencarbonatkonzentration und der Alkalinität – Gl. (3.99). (© Gerhard Hobiger)

Als Lösung ergibt sich:

$$\left([CO_3^{2-}]\right)_{1,2} = \frac{K_2[HCO_3^-]}{(4K_2[HCO_3^-] + 2K_W)}\left([Alk] - [HCO_3^-]\right)$$

$$\pm\sqrt{\left([HCO_3^-] - [Alk]\right)^2 + 8K_2[HCO_3^-] + 4K_W}\,\right) \qquad (3.99)$$

Die zweite Lösung liefert unsinnige negative Carbonatkonzentrationen.

Die 3D-Fläche für Gl. (3.99) zeigt Abb. 3.68:

Für die Alkalinität ergibt sich aus Gl. (3.94):

$$[Alk] = [HCO_3^-] + 2[CO_3^{2-}] + \frac{K_W[CO_3^{2-}]}{K_2[HCO_3^-]} - \frac{K_2[HCO_3^-]}{[CO_3^{2-}]} \qquad (3.100)$$

Für Gl. (3.100) ergibt sich folgende 3D-Fläche (Abb. 3.69):

Diese Gleichungen geben wieder nur die mathematischen Zusammenhänge an, die in jedem Wasser gelten müssen.

Abb. 3.69 Abhängigkeit der Alkalinität von der Hydrogencarbonatkonzentration und von der Carbonatkonzentration – Gl. (3.100). (© Gerhard Hobiger)

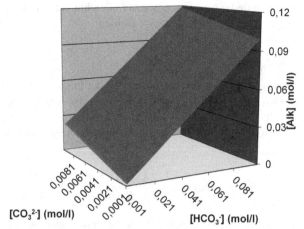

Funktionen des Systems 16

$$\left([HCO_3^-]\right)_{1,2} = \frac{[CO_3^{2-}]}{2K_2\left([CO_3^{2-}] - K_2\right)} \left(K_2\left([Alk] - 2[CO_3^{2-}]\right)\right.$$

$$\left. \pm \sqrt{K_2^2\left(2[CO_3^{2-}] - [Alk]\right)^2 - 4K_2K_W\left([CO_3^{2-}] - K_2\right)}\right)$$
(3.97)

$$\left([CO_3^{2-}]\right)_{1,2} = \frac{K_2[HCO_3^-]}{\left(4K_2[HCO_3^-] + 2K_W\right)} \left(\left([Alk] - [HCO_3^-]\right)\right.$$

$$\left. \pm \sqrt{\left([HCO_3^-] - [Alk]\right)^2 + 8K_2[HCO_3^-] + 4K_W}\right) \quad (3.99)$$

$$[Alk] = [HCO_3^-] + 2[CO_3^{2-}] + \frac{K_W[CO_3^{2-}]}{K_2[HCO_3^-]} - \frac{K_2[HCO_3^-]}{[CO_3^{2-}]} \quad (3.100)$$

Im Anhang sind alle 48 expliziten Gleichungen zusammengefasst.

3.5 Allgemeine Bemerkungen zur Vollständigkeit des mathematischen Formelsystems

Wie oben schon erwähnt, handelt es sich bei diesen abgeleiteten Gleichungen um ein vollständiges und in sich geschlossenes mathematisches Formelsystem. So lassen sich für die einzelnen Gleichungen auch andere Wege zu deren Ableitung finden. Des

Weiteren findet man immer wieder Gleichungen, die in anderen versteckt sind. Dies soll an zwei Beispielen gezeigt werden:

Beispiel 1

Betrachtet man die Gleichung der Alkalinität aus dem System 5 (Gl. 3.48), so zeigt sich durch Koeffizientenvergleich mit der Ausgangsgleichung für die Alkalinität (Gl. 3.9), dass die Gl. (3.39) für die Carbonatkonzentration aus dem System 4 und die Gl. (3.21) für die Wasserstoffionenkonzentration aus dem System 1 enthalten sind:

$$[Alk] = [HCO_3^-] + \frac{2K_2[HCO_3^-]^2}{K_1 K_H p_{CO_2}} + \frac{K_W[HCO_3^-]}{K_1 K_H p_{CO_2}} - \frac{K_1 K_H p_{CO_2}}{[HCO_3^-]} \qquad (3.48)$$

Koeffizientenvergleich mit der Definitionsgleichung der Alkalinität:

$$[Alk] = [HCO_3^-] + 2[CO_3^{2-}] + \frac{K_W}{[H^+]} - [H^+] \qquad (3.9)$$

Daraus ergeben sich die Gleichungen für die Carbonat- und Wasserstoffikonenkonzentration, die Gl. (3.39) aus dem System 4 und Gl. (3.21) vom System 1:

$$[CO_3^{2-}] = \frac{K_2[HCO_3^-]^2}{K_1 K_H p_{CO_2}} \qquad (3.39)$$

$$[H^+] = \frac{K_1 K_H p_{CO_2}}{[HCO_3^-]} \qquad (3.21)$$

Man hätte daher auch über die Definitionsgleichung der Alkalinität (Gl. 3.9) durch Einsetzen der Gl. (3.39 und 3.21) zu Gl. (3.48) kommen können. Analoges lässt sich bei anderen Gleichungen zeigen.

Beispiel 2

Schreibt man die Gl. (3.34) aus dem System 3 etwas anders, so erhält man:

$$p_{CO_2} = \frac{[H^+]^3 + [Alk][H^+]^2 - K_W[H^+]}{K_1 K_H[H^+] + 2K_1 K_2 K_H} = \frac{[H^+]\left([H^+]^2 + [Alk][H^+] - K_W\right)}{K_1 K_H\left([H^+] + 2K_2\right)} \qquad (3.34)$$

In dieser Gleichung findet sich die Gl. (3.87) aus System 14:

$$[HCO_3^-] = \frac{[H^+]^2 + [H^+][Alk] - K_W}{[H^+] + 2K_2} \qquad (3.87)$$

In weiterer Folge ergibt sich aus diesen beiden Gleichungen die Gl. (3.20) aus
System 1:

$$p_{CO_2} = \frac{[H^+][HCO_3^-]}{K_H K_1} \tag{3.20}$$

Aus dieser folgt direkt nach Einsetzen des Henry'schen Gesetzes (Gl. 3.6) die Definitionsgleichung der ersten Dissoziationskonstante der Kohlensäure Gl. (3.7). Die
Bedeutung der 2 Freiheitsgrade heißt mathematisch, dass man mit jeweils 2 unabhängigen vorgegebenen Variablen jeweils die dritte berechnen kann. Daraus ergeben
sich die obigen 48 Gleichungen der 16 Systeme.

Literatur

Appelo CAJ, Postma D (2005) Geochemistry, groundwater and pollution, 2. Aufl. A. A. Balkema,
    Leiden
Benischke R, Harum T, Leditzky H (1996) Berechnung von Karbonat-Kohlensäure-
    Gleichgewichten: Ein Hilfsmittel zur Charakterisierung der Hydrodynamik und Herkunft von
    Karstwässern. Mitt Österr Geol Ges 87:37–46
Bliefert C (1978) pH-Wert-Berechnungen. Verlag Chemie, Weinheim
Byrne R, Laurie SH (1999) Influence of pressure on chemical equilibra in aqueous systems – with
    particular reference to seawater. Pure Appl Chem 71:871–890
DIN 38404-10 (2012) Physikalische und physikalisch-chemische Stoffkenngrößen (Gruppe C) –
    Teil 10: Calcitsättigung eines Wassers
Dreybrodt W, Lauckner J, Zaihua L, Svensson U, Buhmann D (1996) The kinetics of the reaction
    $CO_2 + H_2O \rightarrow H^+ + HCO_3^-$ as one rate limiting steps for the dissolution of calcite in the System
    $H_2O\text{-}CO_2\text{-}CaCO_3$. Geochim Cosmochim Acta 60:3375–3381
Duan Z, Sun R (2003) An improved model calculating CO_2 solubility in pure water and aqueous
    NaCl solution from 273 to 533 K and from 0 to 200 bar. Chem Geol 193:257–271
Eberle SH, Donnert D (1991) Die Berechnung des pH-Wertes der Calcitsättigung eines Trinkwassers
    unter Berücksichtigung der Komplexbildung. Z Wasser Abwasser Forsch 24:258–268
Eberle SH, Hennes Ch, Dehnad F (1982) Berechnung und experimentelle Prüfung eines kom-
    plexchemischen Modells der Hauptkonstituenten des Rheinwassers. Z Wasser Abwasser Forsch
    15:217–229
Galster H (1990) pH-Messung – Grundlagen, Methoden, Anwendungen, Geräte. Verlag Chemie,
    Weinheim
Grohmann A (1971a) Die Kohlensäure in den Deutschen Einheitsverfahren, I. Die Pufferung des
    Wassers. Vom Wasser 38:81–96
Grohmann A (1971b) Die Kohlensäure in der Deutschen Einheitsverfahren, II. Die Kalkaggressivität
    von Wasser. Vom Wasser 38:97–118
Grohmann A (1973) pH-Pufferung und Möglichkeiten der kontinuierlichen Messung von freier
    Kohlensäure, Σ CO_2 (Q_c) und m-Wert. Vom Wasser 40:19–33
Grohmann A (1974) Übersicht über neuere Anschauungen zur Bedeutung der Kohlensäure im
    Wasser. Wasser Abwasser 115:53–100
Grohmann A, Althoff HW (1975) Eine automatische, schnelle und genaue Bestimmung des m-
    Wertes (Alkalinity). Z Wasser Abwasser Forsch 8:134–140
Henrich F (1902) Theorie der Kohlensäure führenden Quellen, begründet durch Versuche. Z Berg-,
    Hütten- und Salinenwesen im preuss. Staate 50:531–557

Herczeg AL, Hesslein RH (1984) Determination of hydrogen ion concentration in softwater lakes using carbon dioxide equilibria. Geochim Cosmochim Acta 48:837–845

Hobiger G (1997) Kohlensäure in Wasser – Theoretische Hintergründe zu den in der Wasseranalytik verwendeten Parametern, 2. Aufl. Berichte des Umweltbundesamtes (BE-086a), Wien

Höll K (1986) Wasser – Untersuchung, Beurteilung, Aufbereitung, Chemie, Bakteriologie, Biologie. de Gruyter, Berlin

Holleman-Wiberg (2007) Lehrbuch der Anorganischen Chemie, 102. Aufl. de Gruyter, Berlin

Hütter LA (1990) Wasser und Wasseruntersuchungen, 4. Aufl. Salle & Sauerländer, Frankfurt

Kölle W (2001) Wasseranalysen – richtig beurteilt – Grundlagen, Parameter, Wassertypen, Inhalts-stoffe, Grenzwerte nach Trinkwasserverordnung und EU-Trinkwasserrichtlinie. Wiley-VCH, Weinheim

Kortüm G Lachmann H (1981) Einführung in die chemische Thermodynamik –Phänomenologische und statistische Behandlung, 7. Aufl. Verlag Chemie, Weinheim

Lahav O, Morgan B, Loewenthal R (2001) Measurement of pH, alkalinity and acidity in ultra-soft waters. Water SA 27:423–431

Plummer LN, Busenberg E (1982) The solubilities of calcite, aragonite and vaterite in CO_2-H_2O solutions between 0 and 90 °C, and an evaluation of the aqueous model for the system $CaCO_3$-CO_2-H_2O. Geochim Cosmochim Acta 46:1011–1040

Plummer LN, Sundquist ET (1982) Total individual ion activity coefficients of calcium and carbo-nate in seawater at 25 °C and 35 ‰ salinity, and implications to the agreement between apparent and thermodynamic constants of calcite and aragonite. Geochim Cosmochim Acta 46:247–258

Quentin KE (1988) Trinkwasser – Untersuchung und Beurteilung von Trink- und Schwimmbad-wasser. Springer, Heidelberg

Reardon EJ, Langmuir D (1976) Activity coefficients of $MgCO_3°$ and $CaSO_4°$ ion pairs as a function of ionic strength. Geochim Cosmochim Acta 40:549–554

Rump HH (1998) Laborhandbuch für die Untersuchung von Wasser, Abwasser und Boden, 3. Aufl. Wiley-VCH, Weinheim

Schleifer N (1986) Ein Programm zur Berechnung des Kohlensäuregehalts. Österr Wasserwirtschaft 38:267–272

Sigg L, Stumm W (2011) Eine Einführung in die Chemie wässriger Lösungen und natürlicher Gewässer, 5. Aufl. vdf, Hochschulverlag an der ETH, Zürich

Stumm W, Morgan JJ (1996) Aquatic chemistry – chemical equilibria and rates in natural waters, 3 Aufl. Wiley, New York

Tillmanns J, Heubleins O (1912) Über die kohlensauren Kalk angreifende Kohlensäure der natürlichen Wässer. Gesundh-Ing 35:669–667

Das offene System von Kohlendioxid in reinem Wasser als Spezialfall des allgemeinen Falles mit Alkalinität

4

4.1 Das System Kohlensäure und reines Wasser

In diesem Kapitel wird der Spezialfall besprochen, wenn in Gl. (3.9) die Alkalinität null gesetzt wird. ([Alk] = 0 mol/l) (DIN 38404-10 Dezember 2012; Hobiger 1997; Sigg und Stumm 2011; Stumm und Morgan 1996). Dabei ergeben sich bei der mathematischen Behandlung einige Änderungen. Wird in der Gl. (3.9) die Alkalinität null gesetzt, bedeutet dies, dass die Ladungsbilanz nur mit den Ionen der Kohlensäure und des Wassers ausgeglichen wird. Es handelt sich also um reines Wasser, in dem Kohlendioxid gelöst ist. Dieses System kann daher als ein Spezialfall der Alkalinitätsdefinition aufgefasst werden, dessen Beschreibung mit folgenden Gleichungen erfolgt:

1. Das Henry'sche Gesetz (Kortüm und Lachmann 1981):

$$[H_2CO_3] = K_H p_{CO_2} \tag{3.6}$$

2. Die Definition der ersten Dissoziationsstufe:

$$\frac{[H^+][HCO_3^-]}{[H_2CO_3]} = K_1 \tag{3.7}$$

3. Die Definition der zweiten Dissoziationsstufe:

$$\frac{[H^+][CO_3^{2-}]}{[HCO_3^-]} = K_2 \tag{3.8}$$

4. Die Gleichung der Alkalinität (Gl. (3.9)), in der die Alkalinität gleich null gesetzt wird:

© Springer-Verlag Berlin Heidelberg 2015
G. Hobiger, *Kohlendioxid in Wasser mit Alkalinität,*
DOI 10.1007/978-3-662-45466-4_4

$$([Alk] =)0 = [HCO_3^-] + 2[CO_3^{2-}] + \frac{K_W}{[H^+]} - [H^+] \qquad (4.1)$$

Aus Gl. (4.1) folgt sofort die Ladungsbilanzgleichung Gl. (4.2):

$$[H^+] = [HCO_3^-] + 2[CO_3^{2-}] + \frac{K_W}{[H^+]} \qquad (4.2)$$

Um dieses System mathematisch zu lösen, müssen, analog dem allgemeinen Fall, die vier Gl. (3.6)–(3.8) und (4.1) gelöst werden. Dabei ist zu beachten, dass dadurch, dass man die Alkalinität gleich null setzt, von den 6 Variablen des Systems mit Alkalinität eine determiniert ist (eben die Alkalinität), sodass sich die Anzahl der Variablen um eine auf 5 reduziert. Dadurch hat dieses System nun nur noch $5 - 4 = 1$ Freiheitsgrad. Mathematisch bedeutet dies, es muss zur vollständigen Beschreibung nur ein Parameter vorgegeben werden. Gegenüber dem allgemeinen Fall mit Alkalinität ungleich null, der 2 Freiheitsgrade besitzt, ist das der wesentlichste Unterschied. Daraus ergeben sich in der Folge immer implizite Gleichungen mit jeweils 2 Variablen.

Wie beim allgemeinen Fall soll nun die Anzahl der möglichen Gleichungen mithilfe der Kombinatorik bestimmt werden. Dazu werden wieder den einzelnen Parametern folgende Zahlen zugeordnet:

$$p_{CO_2} \to 1$$

$$[H_2CO_3] \to 2$$

$$[H^+] \to 3$$

$$[HCO_3^-] \to 4$$

$$[CO_3^{2-}] \to 5$$

Da sich in den impliziten Gleichungen jeweils 2 Variablen befinden, ergibt sich folgende kombinatorische Frage: Wie viele Möglichkeiten gibt es, wenn aus 5 Elementen jeweils 2 entnommen werden, wobei die Reihenfolge (zunächst) nicht zu beachten ist? Die Reihenfolge ist analog dem allgemeinen Fall nicht zu beachten, da die implizite Gleichung $< 1, 2 >$ identisch mit $< 2, 1 >$ ist. Kombinatorisch ist dies die Kombination von 5 Elementen zur zweiten Klasse und berechnet sich zu:

$$C_5^{(2)} = \binom{5}{2} = \frac{5!}{2!(5-2)!} = 10 \qquad (4.3)$$

D. h. es gibt 10 implizite Gleichungen, in denen jeweils 2 Variable enthalten sind, die in der Tab. 4.1 aufgelistet sind.

Die Nummerierung der einzelnen Systeme wurde so gewählt, dass die entsprechende Nummer ohne Stern dem System vom allgemeinen Fall entspricht.

Um zu den mathematischen Beziehungen zu gelangen, wird in sämtlichen Gleichungen des allgemeinen Falles die Alkalinität gleich null gesetzt. Als Folge davon enthalten alle expliziten Gleichungen, in denen die Alkalinität vorkommt, nur noch

Tab. 4.1 Die einzelnen Kombinationen, deren Systemnummern und impliziten Gleichungen im System Kohlendioxid/reines Wasser ([Alk] = 0 mol/l)

Kombination	System	Symbol	Implizite Gleichung
Kombination 1	System 0*	$< 1,2 >$	$f(p_{CO_2}, [H_2CO_3]) = 0$
Kombination 2	System 3*	$< 1,3 >$	$f(p_{CO_2}, [H^+]) = 0$
Kombination 3	System 5*	$< 1,4 >$	$f(p_{CO_2}, [HCO_3^-]) = 0$
Kombination 4	System 6*	$< 1,5 >$	$f(p_{CO_2}, [CO_3^{2-}]) = 0$
Kombination 5	System 9*	$< 2,3 >$	$f([H_2CO_3], [H^+]) = 0$
Kombination 6	System 11*	$< 2,4 >$	$f([H_2CO_3], [HCO_3^-]) = 0$
Kombination 7	System 12*	$< 2,5 >$	$f([H_2CO_3], [CO_3^{2-}]) = 0$
Kombination 8	System 14*	$< 3,4 >$	$f([H^+], [HCO_3^-]) = 0$
Kombination 9	System 15*	$< 3,5 >$	$f([H^+], [CO_3^{2-}]) = 0$
Kombination 10	System 16*	$< 4,5 >$	$f([HCO_3^-], [CO_3^{2-}]) = 0$

eine unabhängige Variable. Es bleiben daher nur noch bestimmte Systeme übrig, die im Folgenden mit einem Stern gekennzeichnet sind. Zusätzlich muss noch das Henry'sche Gesetz als eigenes System betrachtet werden und wird als „System 0*" bezeichnet. Konnte es, da es nur von 1 Variablen abhängig ist, im allgemeinen Fall nicht zu den Systemen gerechnet werden, muss es genau aus diesem Grund jetzt mit berücksichtigt werden. Setzt man die Alkalinität gleich null, so ergeben sich daher folgende Konsequenzen:

1. Die Variable Alkalinität fällt in allen Gleichungen weg und
2. die Abhängigkeit zwischen dem Partialdruck des Kohlendioxids und der Kohlensäurekonzentration muss zusätzlich als eigenes System mit berücksichtigt werden.

Es bleiben 20 Funktionen übrig, die in Tab. 4.2 aufgelistet sind.

In der folgenden Tab. 4.3 ist die Tab. 3.4 mit [Alk] = 0 mol/l aufgelistet:

Wie aus Tab. 4.3 hervorgeht, werden alle Gleichungen des allgemeinen Falles genau die impliziten Gleichungen des Spezialfalls, indem man die Alkalinität gleich null setzt. Es bleiben also 9 Systeme übrig, welche mit einem Stern gekennzeichnet sind. Das fehlende 10. System ist das Henry'sche Gesetz, womit sich die Systeme ergänzen. Aus den 10 Systemen folgen nun die 20 expliziten Gleichungen, wobei in jedem System die eine Funktion die Umkehrfunktion zur andern ist. Man kann daher alle 20 Funktionen in folgendem Schema (Tab. 4.4) darstellen:

Tab. 4.2 Alle 20 expliziten Gleichungen im System Kohlendioxid/reines Wasser ([Alk] = 0 mol/l)

System	Symbol	Explizite Gleichung
System 0*: $< 1,2 >$	$\{1, 2\}$	$p_{CO_2} = f([H_2CO_3])$
$f(p_{CO_2}, [H_2CO_3]) = 0$	$\{2, 1\}$	$[H_2CO_3] = f(p_{CO_2})$
System 3*: $< 1,3 >$	$\{1, 3\}$	$p_{CO_2} = f([H^+])$
$f(p_{CO_2}, [H^+]) = 0$	$\{3, 1\}$	$[H^+] = f(p_{CO_2})$
System 5*: $< 1,4 >$	$\{1, 4\}$	$p_{CO_2} = f([HCO_3^-])$
$f(p_{CO_2}, [HCO_3^-]) = 0$	$\{4, 1\}$	$[HCO_3^-] = f(p_{CO_2})$
System 6*: $< 1,5 >$	$\{1, 5\}$	$p_{CO_2} = f([CO_3^{2-}])$
$f(p_{CO_2}, [CO_3^{2-}]) = 0$	$\{5, 1\}$	$[CO_3^{2-}] = f(p_{CO_2})$
System 9*: $< 2,3 >$	$\{2, 3\}$	$[H_2CO_3] = f([H^+])$
$f([H_2CO_3], [H^+]) = 0$	$\{3, 2\}$	$[H^+] = f([H_2CO_3])$
System 11*: $< 2,4 >$	$\{2, 4\}$	$[H_2CO_3] = f([HCO_3^-])$
$f([H_2CO_3], [HCO_3^-]) = 0$	$\{4, 2\}$	$[HCO_3^-] = f([H_2CO_3])$
System 12*: $< 2,5 >$	$\{2, 5\}$	$[H_2CO_3] = f([CO_3^{2-}])$
$f([H_2CO_3], [CO_3^{2-}]) = 0$	$\{5, 2\}$	$[CO_3^{2-}] = f([H_2CO_3])$
System 14*: $< 3,4 >$	$\{3, 4\}$	$[H^+] = f([HCO_3^-])$
$f([H^+], [HCO_3^-]) = 0$	$\{4, 3\}$	$[HCO_3^-] = f([H^+])$
System 15*: $< 3,5 >$	$\{3, 5\}$	$[H^+] = f([CO_3^{2-}])$
$f([H^+], [CO_3^{2-}]) = 0$	$\{5, 3\}$	$[CO_3^{2-}] = f([H^+])$
System 16*: $< 4,5 >$	$\{4, 5\}$	$[HCO_3^-] = f([CO_3^{2-}])$
$f([HCO_3^-], [CO_3^{2-}]) = 0$	$\{5, 4\}$	$[CO_3^{2-}] = f([HCO_3^-])$

Tab. 4.3 Der allgemeine Fall, wenn die Alkalinität gleich null gesetzt wird

System	Symbol	Explizite Gleichung
System 1 $< 1,3,4 >$	$\{1, 3, 4\}$	$p_{CO_2} = f([H^+], [HCO_3^-])$
$f(p_{CO_2}, [H^+], [HCO_3^-]) = 0$	$\{3, 1, 4\}$	$[H^+] = f(p_{CO_2}, [HCO_3^-])$
(Kombination 5)	$\{4, 1, 3\}$	$[HCO_3^-] = f(p_{CO_2}, [H^+])$
System 2: $< 1,3,5 >$	$\{1, 3, 5\}$	$p_{CO_2} = f([H^+], [CO_3^{2-}])$
$f(p_{CO_2}, [H^+], [CO_3^{2-}]) = 0$	$\{3, 1, 5\}$	$[H^+] = f(p_{CO_2}, [CO_3^{2-}])$
(Kombination 6)	$\{5, 1, 3\}$	$[CO_3^{2-}] = f(p_{CO_2}, [H^+])$
System 3: $< 1,3,6 >$	$\{1, 3, 6\}$	$p_{CO_2} = f([H^+], 0)$
$f(p_{CO_2}, [H^+], 0) = 0$	$\{3, 1, 6\}$	$[H^+] = f(p_{CO_2}, 0)$
(Kombination 7)	$\{6, 1, 3\}$	$0 = f(p_{CO_2}, [H^+])$
System 4: $< 1,4,5 >$	$\{1, 4, 5\}$	$p_{CO_2} = f([HCO_3^-], [CO_3^{2-}])$
$f(p_{CO_2}, [HCO_3^-], [CO_3^{2-}]) = 0$	$\{4, 1, 5\}$	$[HCO_3^-] = f(p_{CO_2}, [CO_3^{2-}])$
(Kombination 8)	$\{5, 1, 4\}$	$[CO_3^{2-}] = f(p_{CO_2}, [HCO_3^-])$

Tab. 4.3 (Fortsetzung)

System	Symbol	Explizite Gleichung
System 5: $<1,4,6>$	$\{1, 4, 6\}$	$p_{CO_2} = f([HCO_3^-], 0)$
$f(p_{CO_2}, [HCO_3^-], 0) = 0$	$\{4, 1, 6\}$	$[HCO_3^-] = f(p_{CO_2}, 0)$
(Kombination 9)	$\{6, 1, 4\}$	$0 = f(p_{CO_2}, [HCO_3^-])$
System 6: $<1,5,6>$	$\{1, 5, 6\}$	$p_{CO_2} = f([CO_3^{2-}], 0)$
$f(p_{CO_2}, [CO_3^{2-}], 0) = 0$	$\{5, 1, 6\}$	$[CO_3^{2-}] = f(p_{CO_2}, 0)$
(Kombination 10)	$\{6, 1, 5\}$	$0 = f(p_{CO_2}, [CO_3^{2-}])$
System 7: $<2,3,4>$	$\{2, 3, 4\}$	$[H_2CO_3] = f([H^+], [HCO_3^-])$
$f([H_2CO_3], [H^+], [HCO_3^-]) = 0$	$\{3, 2, 4\}$	$[H^+] = f([H_2CO_3], [HCO_3^-])$
(Kombination 11)	$\{4, 2, 3\}$	$[HCO_3^-] = f([H_2CO_3], [H^+])$
System 8: $<2,3,5>$	$\{2, 3, 5\}$	$[H_2CO_3] = f([H^+], [CO_3^{2-}])$
$f([H_2CO_3], [H^+], [CO_3^{2-}]) = 0$	$\{3, 2, 5\}$	$[H^+] = f([H_2CO_3], [CO_3^{2-}])$
(Kombination 12)	$\{5, 2, 3\}$	$[CO_3^{2-}] = f([H_2CO_3], [H^+])$
System 9: $<2,3,6>$	$\{2, 3, 6\}$	$[H_2CO_3] = f([H^+], 0)$
$f([H_2CO_3], [H^+], 0) = 0$	$\{3, 2, 6\}$	$[H^+] = f([H_2CO_3], 0)$
(Kombination 13)	$\{6, 2, 3\}$	$0 = f([H_2CO_3], [H^+])$
System 10: $<2,4,5>$	$\{2, 4, 5\}$	$[H_2CO_3] = f([HCO_3^-], [CO_3^{2-}])$
$f([H_2CO_3], [HCO_3^-], [CO_3^{2-}]) = 0$	$\{4, 2, 5\}$	$[HCO_3^-] = f([H_2CO_3], [CO_3^{2-}])$
(Kombination 14)	$\{5, 2, 4\}$	$[CO_3^{2-}] = f([H_2CO_3], [HCO_3^-])$
System 11: $<2,4,6>$	$\{2, 4, 6\}$	$[H_2CO_3] = f([HCO_3^-], 0)$
$f([H_2CO_3], [HCO_3^-], 0) = 0$	$\{4, 2, 6\}$	$[HCO_3^-] = f([H_2CO_3], 0)$
(Kombination 15)	$\{6, 2, 4\}$	$0 = f([H_2CO_3], [HCO_3^-])$
System 12: $<2,5,6>$	$\{2, 5, 6\}$	$[H_2CO_3] = f([CO_3^{2-}], 0)$
$f([H_2CO_3], [CO_3^{2-}], 0) = 0$	$\{5, 2, 6\}$	$[CO_3^{2-}] = f([H_2CO_3], 0)$
(Kombination 16)	$\{6, 2, 5\}$	$0 = f([H_2CO_3], [CO_3^{2-}])$
System 13: $<3,4,5>$	$\{3, 4, 5\}$	$[H^+] = f([HCO_3^-], [CO_3^{2-}])$
$f([H^+], [HCO_3^-], [CO_3^{2-}]) = 0$	$\{4, 3, 5\}$	$[HCO_3^-] = f([H^+], [CO_3^{2-}])$
(Kombination 17)	$\{5, 3, 4\}$	$[CO_3^{2-}] = f([H^+], [HCO_3^-])$
System 14: $<3,4,6>$	$\{3, 4, 6\}$	$[H^+] = f([HCO_3^-], 0)$
$f([H^+], [HCO_3^-], 0) = 0$	$\{4, 3, 6\}$	$[HCO_3^-] = f([H^+], 0)$
(Kombination 18)	$\{6, 3, 4\}$	$0 = f([H^+], [HCO_3^-])$
System 15: $<3,5,6>$	$\{3, 5, 6\}$	$[H^+] = f([CO_3^{2-}], 0)$
$f([H^+], [CO_3^{2-}], 0) = 0$	$\{5, 3, 6\}$	$[CO_3^{2-}] = f([H^+], 0)$
(Kombination 19)	$\{6, 3, 5\}$	$0 = f([H^+], [CO_3^{2-}])$
System 16: $<4,5,6>$	$\{4, 5, 6\}$	$[HCO_3^-] = f([CO_3^{2-}], 0)$
$f([HCO_3^-], [CO_3^{2-}], 0) = 0$	$\{5, 4, 6\}$	$[CO_3^{2-}] = f([HCO_3^-], 0)$
(Kombination 20)	$\{6, 4, 5\}$	$0 = f([HCO_3^-], [CO_3^{2-}])$

Tab. 4.4 Schema für alle 20 expliziten Funktionen im System Kohlendioxid/reines Wasser ([Alk] = 0 mol/l)

	p_{CO_2}	$[H_2CO_3]$	$[H^+]$	$[HCO_3^-]$	$[CO_3^{2-}]$
p_{CO_2}	–	$p_{CO_2} =$ $f([H_2CO_3])$	$p_{CO_2} =$ $f([H^+])$	$p_{CO_2} =$ $f([HCO_3^-])$	$p_{CO_2} =$ $f([CO_3^{2-}])$
$[H_2CO_3]$	$[H_2CO_3] =$ $f(p_{CO_2})$	–	$[H_2CO_3] =$ $f([H^+])$	$[H_2CO_3] =$ $f([HCO_3^-])$	$[H_2CO_3] =$ $f([CO_3^{2-}])$
$[H^+]$	$[H^+] =$ $f(p_{CO_2})$	$[H^+] =$ $f([H_2CO_3])$	–	$[H^+] =$ $f([HCO_3^-])$	$[H^+] =$ $f([CO_3^{2-}])$
$[HCO_3^-]$	$[HCO_3^-] =$ $f(p_{CO_2})$	$[HCO_3^-] =$ $f([H_2CO_3])$	$[HCO_3^-] =$ $f([H^+])$	–	$[HCO_3^-] =$ $f([CO_3^{2-}])$
$[CO_3^{2-}]$	$[CO_3^{2-}] =$ $f(p_{CO_2})$	$[CO_3^{2-}] =$ $f([H_2CO_3])$	$[CO_3^{2-}] =$ $f([H^+])$	$[CO_3^{2-}] =$ $f([HCO_3^-])$	–

4.2   Die einzelnen Systeme und die Ableitung der zugehörigen expliziten Gleichungen

Im Folgenden werden alle 20 expliziten Gleichungen berechnet, indem man die Alkalinität des allgemeinen Falls gleich null setzt. Um diese Gleichungen abzuleiten, wird in den entsprechenden expliziten Gleichungen des allgemeinen Falles die Alkalinität gleich null gesetzt. Geometrisch bedeutet das einen Schnitt der entsprechenden 3D-Grafik des allgemeinen Falles aus Kap. 3 bei Alkalinität $= 0$ mol/l.

4.2.1   System 0*: $f(p_{CO_2}, [H_2CO_3])$-Beziehungen zwischen dem Partialdruck des Kohlendioxids und der Kohlensäurekonzentration

Dieses System kommt im allgemeinen Fall nicht vor, da die Kohlensäurekonzentration nur vom Partialdruck abhängig ist, was in einem System mit 2 Freiheitsgraden nicht ausreicht, um es vollständig zu beschreiben. Natürlich besitzt es immer (auch im allgemeinen Fall!) die volle Gültigkeit. Im Spezialfall, bei dem die Alkalinität null ist, gibt es nur noch 1 Freiheitsgrad, wodurch auch das Henry'sche Gesetz ein eigenes System bildet. Da es im allgemeinen Fall nicht vorkommt, wird es als System 0* bezeichnet.

Das Henry'sche Gesetz lautet nach Gl. (3.6):

$$[H_2CO_3] = K_H p_{CO_2} \qquad (3.6)$$

Dieses Gesetz ist das Verteilungsgesetz zwischen der Konzentration an undissoziierter Kohlensäure in der Lösung und dem über der Lösung vorhandenen Partialdruck des Kohlendioxids. Die thermodynamische Ableitung findet sich z. B. in Kortüm und Lachmann 1981. Kennt man den Partialdruck des Kohlendioxids, so ist die Konzentration an Kohlensäure eindeutig berechenbar. Aus dieser Beziehung folgt

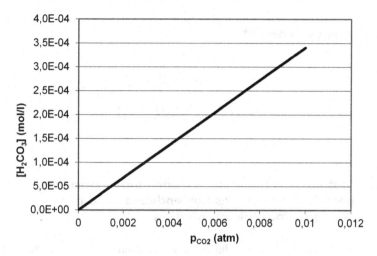

Abb. 4.1 Das Henry'sche Gesetz – Gl. (3.6). (© Gerhard Hobiger)

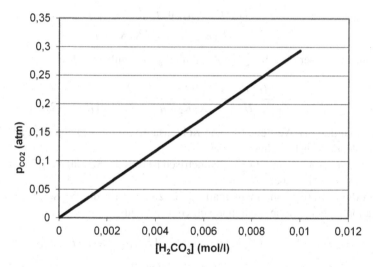

Abb. 4.2 Umkehrfunktion des Henry'schen Gesetzes – Gl. (4.4). (© Gerhard Hobiger)

außerdem, dass sich bei einer Änderung des Partialdruckes des Kohlendioxids auch die Konzentration der undissoziierten Kohlensäure ändern muss.

Die Abb. 4.1 zeigt das Henry'sche Gesetz :

Die entsprechende Umkehrfunktion, mit der man aus der Konzentration der undissoziierten Kohlensäure den Partialdruck des Kohlendioxids berechnen kann, lautet:

$$p_{CO_2} = \frac{[H_2CO_3]}{K_H} \qquad (4.4)$$

Den Graph von Gl. (4.4) zeigt Abb. 4.2:

Funktionen des Systems 0*

$$[H_2CO_3] = K_H p_{CO_2} \tag{3.6}$$

$$p_{CO_2} = \frac{[H_2CO_3]}{K_H} \tag{4.4}$$

4.2.2 System 3*: $f(p_{CO_2}, [H^+])$-Beziehungen zwischen dem Partialdruck des Kohlendioxids und der Wasserstoffionenkonzentration

Die entsprechende Gleichung folgt aus der Beziehung Gl. (3.34) vom System 3, indem die Alkalinität gleich null gesetzt wird:

$$p_{CO_2} = \frac{[H^+]^3 + [Alk][H^+]^2 - K_W[H^+]}{K_1 K_H[H^+] + 2K_1 K_2 K_H} \tag{3.34}$$

Setzt man in dieser Gleichung die Alkalinität gleich null, so folgt:

$$p_{CO_2} = \frac{[H^+]^3 - K_W[H^+]}{K_1 K_H[H^+] + 2K_1 K_2 K_H} = \frac{[H^+]([H^+]^2 - K_W)}{K_1 K_H([H^+] + 2K_2)} \tag{4.5}$$

Kennt man den pH-Wert einer reinen Kohlensäurelösung, so kann der Partialdruck des Kohlendioxids berechnet werden.

Abbildung 4.3 zeigt Gl. (4.5). Geometrisch ist dies der Schnitt der 3D-Fläche von Abb. 3.18 aus Kap. 3 bei Alk = 0 mol/l.

Um die entsprechende mathematische Beziehung für die Wasserstoffionenkonzentration zu bekommen, geht man von Gl. (3.35) aus:

$$[H^+]^3 + [Alk][H^+]^2 - (K_1 K_H p_{CO_2} + K_W)[H^+] - 2K_1 K_2 K_H p_{CO_2} = 0 \tag{3.35}$$

Indem man die Alkalinität gleich null setzt, erhält man:

$$[H^+]^3 - (K_1 K_H p_{CO_2} + K_W)[H^+] - 2K_1 K_2 K_H p_{CO_2} = 0 \tag{4.6}$$

Mithilfe dieser Gleichung lässt sich die Wasserstoffionenkonzentration bzw. der pH-Wert einer reinen Kohlensäurelösung bei gegebenem Partialdruck des Kohlendioxids berechnen. Anders ausgedrückt gibt diese Gleichung die Abhängigkeit des pH-Wertes einer reinen Kohlensäurelösung vom Partialdruck des Kohlendioxids an. Wie allgemein pH-Werte berechnet werden, wird sehr ausführlich in Bliefert 1978 gezeigt.

Die entsprechende Grafik der Gl. (4.6) zeigt Abb. 4.4.

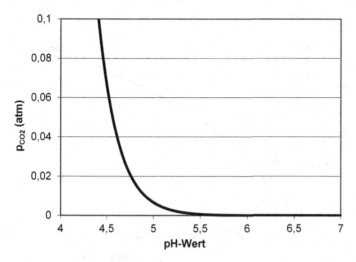

Abb. 4.3 Abhängigkeit des Partialdruckes des Kohlendioxids einer reinen Kohlensäurelösung vom pH-Wert – Gl. (4.5). (© Gerhard Hobiger)

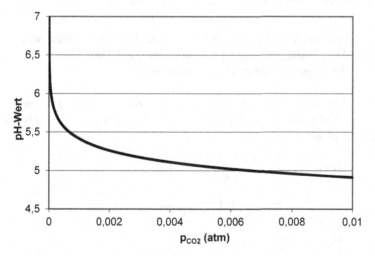

Abb. 4.4 Abhängigkeit des pH-Wertes einer reinen Kohlensäurelösung vom Partialdruck des Kohlendioxids – Gl. (4.6). (© Gerhard Hobiger)

Funktionen des Systems 3*

$$p_{CO_2} = \frac{[H^+]^3 - K_W[H^+]}{K_1 K_H [H^+] + 2K_1 K_2 K_H} = \frac{[H^+]([H^+]^2 - K_W)}{K_1 K_H ([H^+] + 2K_2)} \qquad (4.5)$$

$$[H^+]^3 - (K_1 K_H p_{CO_2} + K_W)[H^+] - 2K_1 K_2 K_H p_{CO_2} = 0 \qquad (4.6)$$

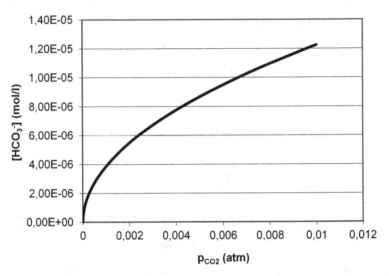

Abb. 4.5 Abhängigkeit der Hydrogencarbonatkonzentration einer reinen Kohlensäurelösung vom Partialdruck des Kohlendioxids – Gl. (4.7). (© Gerhard Hobiger)

4.2.3 System 5*: $f(p_{CO_2}, [HCO_3^-])$-Beziehungen zwischen dem Partialdruck des Kohlendioxids und der Hydrogencarbonatkonzentration

Um die expliziten Gleichungen dieses Systems zu bestimmen, geht man von den beiden Gl. (3.41) und (3.47) des Systems 5 aus Kap. 3.4.5 aus und setzt wieder die Alkalinität gleich null:

$$[HCO_3^-]^3 + \left(\frac{K_1 K_H p_{CO_2} + K_W}{2 K_2}\right) [HCO_3^-]^2$$

$$- \frac{K_1 K_H p_{CO_2} [Alk]}{2 K_2}[HCO_3^-] - \frac{K_1^2 K_H^2 p_{CO_2}^2}{2 K_2} = 0 \qquad (3.41)$$

Danach ergibt sich:

$$[HCO_3^-]^3 + \left(\frac{K_1 K_H p_{CO_2} + K_W}{2 K_2}\right) [HCO_3^-]^2 - \frac{K_1^2 K_H^2 p_{CO_2}^2}{2 K_2} = 0 \qquad (4.7)$$

Im Vergleich zum allgemeinen Fall fällt das lineare Glied der kubischen Gleichung weg. Mit dieser Gleichung kann bei bekanntem Partialdruck des Kohlendioxids die Hydrogencarbonatkonzentration in reinem Wasser berechnet werden. Die grafische Darstellung zeigt Abb. 4.5.

Die entsprechende Umkehrfunktion erhält man aus Gl. (3.47), wenn wieder die Alkalinität gleich null gesetzt wird:

$$(p_{CO_2})_{1,2} = \frac{[HCO_3^-]}{2 K_1 K_H}\left(([HCO_3^-] - [Alk])\right.$$

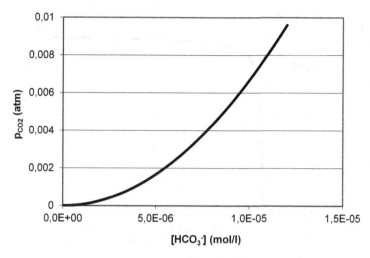

Abb. 4.6 Abhängigkeit des Partialdrucks des Kohlendioxids einer reinen Kohlensäurelösung von der Hydrogencarbonatkonzentration – Gl. (4.8). (© Gerhard Hobiger)

$$\pm \sqrt{([HCO_3^-] - [Alk])^2 + 8K_2[HCO_3^-] + 4K_W} \Big) \qquad (3.47)$$

Wird die Alkalinität gleich null gesetzt, folgt:

$$(p_{CO_2})_{1,2} = \frac{[HCO_3^-]}{2K_1K_H}\left([HCO_3^-] \pm \sqrt{[HCO_3^-]^2 + 8K_2[HCO_3^-] + 4K_W}\right) \quad (4.8)$$

Ist die Hydrogencarbonatkonzentration bekannt, so lässt sich der Partialdruck des Kohlendioxids über der Lösung berechnen. Bei dieser Gleichung liefert nur die positive Wurzel auch positive Partialdrucke.

Die zugehörige Grafik zeigt Abb. 4.6.

Funktionen des Systems 5*

$$(p_{CO_2})_{1,2} = \frac{[HCO_3^-]}{2K_1K_H}\left([HCO_3^-] \pm \sqrt{[HCO_3^-]^2 + 8K_2[HCO_3^-] + 4K_W}\right)$$

$$\qquad (4.8)$$

$$[HCO_3^-]^3 + \left(\frac{K_1K_Hp_{CO_2} + K_W}{2K_2}\right)[HCO_3^-]^2 - \frac{K_1^2K_H^2p_{CO_2}^2}{2K_2} = 0 \qquad (4.7)$$

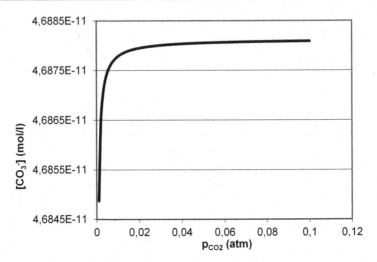

Abb. 4.7 Abhängigkeit der Carbonatkonzentration einer reinen Kohlensäurelösung vom Partialdruck des Kohlendioxids – Gl. (4.9). (© Gerhard Hobiger)

4.2.4   System 6*: $f(p_{CO_2}, [CO_3^{2-}])$-Beziehungen zwischen dem Partialdruck des Kohlendioxids und der Carbonatkonzentration

Die Ausgangsgleichungen aus System 6 sind die Gl. (3.53) und (3.55) mit (3.56): Gl. (3.53) lautet:

$$[CO_3^{2-}]^3 - \left([Alk] + \frac{(K_1 K_H p_{CO_2} + K_W)^2}{4 K_1 K_2 K_H p_{CO_2}}\right)[CO_3^{2-}]^2$$

$$+ \frac{[Alk]^2 + 2 K_1 K_H p_{CO_2} + 2 K_W}{4}[CO_3^{2-}] - \frac{K_1 K_2 K_H p_{CO_2}}{4} = 0$$

$$(3.53)$$

Setzt man die Alkalinität gleich null, so erhält man:

$$[CO_3^{2-}]^3 - \frac{(K_1 K_H p_{CO_2} + K_W)^2}{4 K_1 K_2 K_H p_{CO_2}}[CO_3^{2-}]^2$$

$$+ \frac{(K_1 K_H p_{CO_2} + K_W)}{2}[CO_3^{2-}] - \frac{K_1 K_2 K_H p_{CO_2}}{4} = 0 \qquad (4.9)$$

Die grafische Darstellung der Gl. (4.9) zeigt Abb. 4.7.

Dies ist die Gleichung zur Berechnung der Carbonatkonzentration in reinem Wasser bei gegebenem Partialdruck des Kohlendioxids und sie hat 3 reelle Lösungen. Von den 3 Lösungen ist nur eine die richtige. Dies erkennt man, wenn man aus den erhaltenen Carbonatkonzentrationen die restlichen Parameter (Konzentrationen von Hydrogencarbonat und der Kohlensäure, den pH-Wert sowie wieder den Partialdruck) berechnet. Mit den falschen Werten erhält man irreale Konzentrationen der anderen Parameter und schlussendlich nach Rückrechnung über die Hydrogencarbonatkonzentration und Kohlensäurekonzentration auch den falschen Partialdruck des Kohlendioxids, mit dem man begonnen hat. Zu beachten ist dabei, dass die beiden niedrigsten Nullstellen der Gl. (4.9) extrem eng (ca. 10^{-15}) nebeneinander liegen, was zu numerischen Problemen führen kann. Die Auswahl der richtigen Lösung wird im Anhang 2 gezeigt.

Interessant ist, dass sich die Carbonatkonzentration nur bis zu einer bestimmten Konzentration erhöht.

Für die Herleitung der zugehörigen Umkehrfunktion wird in Gl. (3.56) die Alkalinität wieder gleich null gesetzt und in Gl. (3.55) eingesetzt:

$$(p_{CO_2})_{1,2} = \frac{[CO_3^{2-}]}{2(K_2 - [CO_3^{2-}])^2 K_1 K_H} \left(A \pm \sqrt{A^2 - 4K_W^2 (K_2 - [CO_3^{2-}])^2} \right)$$

(3.55)

und

$$A = 4K_2[CO_3^{2-}]^2 - 4K_2[Alk][CO_3^{2-}] - 2K_W[CO_3^{2-}] + 2K_2 K_W + K_2[Alk]^2$$

(3.56)

Es ergibt sich für A, wenn die Alkalinität gleich null gesetzt wird:

$$A = 4K_2[CO_3^{2-}]^2 - 2K_W[CO_3^{2-}] + 2K_2 K_W$$

(4.10)

und für A^2:

$$A^2 = 16K_2^2[CO_3^{2-}]^4 - 16K_2 K_W[CO_3^{2-}]^3 + 16K_2^2 K_W[CO_3^{2-}]^2$$
$$+ 4K_w^2[CO_3^{2-}]^2 - 8K_2 K_w^2[CO_3^{2-}] + 4K_2^2 K_w^2$$

(4.11)

Setzt man nun Gl. (4.10) und (4.11) in Gl. (3.55) ein, so folgt nach einfachen Umformungen die Gl. (4.12):

$$(p_{CO_2})_{1,2} = \frac{[CO_3^{2-}]}{K_H K_1 (K_2 - [CO_3^{2-}])^2} \left(2K_2[CO_3^{2-}]^2 - K_W[CO_3^{2-}] + K_2 K_W \right.$$

$$\left. \pm 2[CO_3^{2-}]\sqrt{K_2^2[CO_3^{2-}]^2 - K_2 K_W[CO_3^{2-}] + K_2^2 K_W} \right)$$

(4.12)

Abbildung 4.8 zeigt Gl. (4.12).

Die Gl. (4.12) ist vom Grad 2 und hat somit 2 Lösungen. Welche der beiden Lösungen den richtigen Wert liefert, kann nur über die Berechnung der anderen Parameter beurteilt werden.

Auch bei diesen Berechnungen kann es zu numerischen Problemen kommen.

Interessant ist bei diesen Gleichungen, dass die Carbonatkonzentration nie über den Zahlenwert der 2. Dissoziationskonstante (K_2) geht.

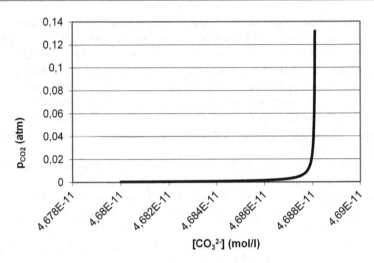

Abb. 4.8 Abhängigkeit des Partialdruckes des Kohlendioxids in einer reinen Kohlensäurelösung von der Carbonatkonzentration – Gl. (4.12). (© Gerhard Hobiger)

Funktionen des Systems 6*

$$(p_{CO_2})_{1,2} = \frac{[CO_3^{2-}]}{K_H K_1 (K_2 - [CO_3^{2-}])^2} \left(2K_2[CO_3^{2-}]^2 - K_W[CO_3^{2-}] + K_2 K_W \right.$$

$$\left. \pm 2[CO_3^{2-}]\sqrt{K_2^2[CO_3^{2-}]^2 - K_2 K_W[CO_3^{2-}] + K_2^2 K_W} \right) \qquad (4.12)$$

$$[CO_3^{2-}]^3 - \frac{(K_1 K_H p_{CO_2} + K_W)^2}{4 K_1 K_2 K_H p_{CO_2}}[CO_3^{2-}]^2$$

$$+ \frac{(K_1 K_H p_{CO_2} + K_W)}{2}[CO_3^{2-}] - \frac{K_1 K_2 K_H p_{CO_2}}{4} = 0 \qquad (4.9)$$

Bei den folgenden 3 Systemen muss nur das Henry'sche Gesetz (Gl. (3.6)) in die expliziten Gleichungen der letzten 3 Systeme (System 6*, 7* und 8*) eingesetzt werden:

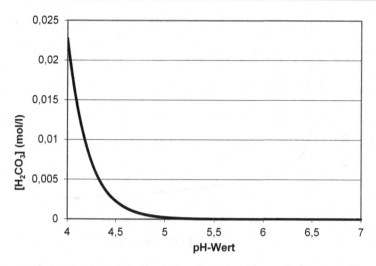

Abb. 4.9 Abhängigkeit der Kohlensäurekonzentration in einer reinen Kohlensäurelösung vom pH-Wert–Gl. (4.13). (© Gerhard Hobiger)

4.2.5 System 9*: $f([H_2CO_3], [H^+])$-Beziehungen zwischen der Kohlensäurekonzentration und der Wasserstoffionenkonzentration

Um diese Beziehungen zu erhalten, wird das Henry'sche Gesetz (Gl. (3.6)) in Gl. (4.5) aus dem System 3* eingesetzt:

$$(K_H p_{CO_2}) = [H_2CO_3] = \frac{[H^+]^3 - K_W[H^+]}{K_1[H^+] + 2K_1K_2} = \frac{[H^+]([H^+]^2 - K_W)}{K_1([H^+] + 2K_2)} \quad (4.13)$$

Mithilfe der Gl. (4.13) lässt sich die Konzentration an undissoziierter Kohlensäure bei gegebenem pH-Wert berechnen. In Abb. 4.9 wird die grafische Darstellung der Gl. (4.13) gezeigt.

Aus Gl. (4.13) erhält man durch einfaches Umformen eine Gleichung dritten Grades für die Wasserstoffionenkonzentration. Natürlich erhält man die Gleichung auch, indem man in Gl. (3.72) aus Kap. 3.4.9 die Alkalinität gleich null setzt:

$$[H^+]^3 - (K_1[H_2CO_3] + K_W)[H^+] - 2K_1K_2[H_2CO_3] = 0 \quad (4.14)$$

Diese Gleichung gibt die Abhängigkeit zwischen den Konzentrationen an undissoziierter Kohlensäure und der Wasserstoffionen (bzw. des pH-Wertes) an. Anders ausgedrückt, heißt das, wenn eine bestimmte Wasserstoffionenkonzentration in diesem System vorhanden ist, dann muss eine Konzentration an undissoziierter Kohlensäure vorhanden sein, die die Gl. (4.14) erfüllt. Vom chemischen Standpunkt aus ist aber zu beachten, dass eine Änderung der Konzentration an undissoziierter Kohlensäure bei dem in diesem Kapitel besprochenen Fall [Alk] = 0 mol/l nur durch

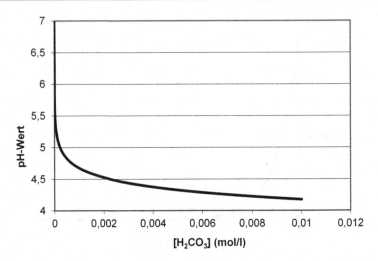

Abb. 4.10 Abhängigkeit des pH-Wertes in einer reinen Kohlensäurelösung von der Kohlensäure-konzentration – Gl. (4.14). (© Gerhard Hobiger)

Zugabe von reiner Kohlensäure hervorgerufen werden kann. Dies ist, da die reine Kohlensäure nicht existent ist (Hollemann-Wiberg 2007), nur durch eine Änderung des Partialdrucks des Kohlendioxids möglich. Jede andere Änderung wie z. B. durch Zugabe von Hydrogencarbonat bzw. Carbonat schließt die Zugabe eines entsprechenden Kations mit ein, wodurch zwangsläufig auch die Alkalinität nicht mehr null sein kann.

Den Funktionsgraph der Gl. (4.14) zeigt Abb. 4.10.

Die Gl. (4.13) und (4.14) geben also nur Beziehungen zwischen der Wasserstoffionenkonzentration (bzw. pH-Wert) und der Konzentration an undissoziierter Kohlensäure an, die im System Kohlendioxid und reinem Wasser immer gelten müssen.

Funktionen des Systems 9*

$$[H_2CO_3] = \frac{[H^+]^3 - K_W[H^+]}{K_1[H^+] + 2K_1K_2} = \frac{[H^+]([H^+]^2 - K_W)}{K_1([H^+] + 2K_2)} \tag{4.13}$$

$$[H^+]^3 - (K_1[H_2CO_3] + K_W)[H^+] - 2K_1K_2[H_2CO_3] = 0 \tag{4.14}$$

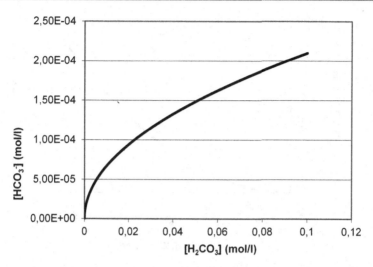

Abb. 4.11 Abhängigkeit der Hydrogencarbonatkonzentration in einer reinen Kohlensäurelösung von der Kohlensäurekonzentration – Gl. (4.15). (© Gerhard Hobiger)

4.2.6 System 11*: $f([H_2CO_3], [HCO_3^-])$-Beziehungen zwischen der Kohlensäurekonzentration und der Hydrogencarbonatkonzentration

Nach Berücksichtigung des Henry'schen Gesetzes (Gl. (3.6)) in der Gl. (4.7) aus dem System 5* erhält man:

$$[HCO_3^-]^3 + \left(\frac{K_1[H_2CO_3] + K_W}{2K_2}\right)[HCO_3^-]^2 - \frac{K_1^2[H_2CO_3]^2}{2K_2} = 0 \qquad (4.15)$$

In Abb. 4.11 ist Gl. (4.15) grafisch dargestellt.

Wie oben schon erwähnt, löst sich das Kohlendioxid unter Bildung der undissoziierten Kohlensäure, die weiter in Hydrogencarbonat- und Wasserstoffionen dissoziiert. Wie viel Hydrogencarbonat bei einer gegebenen Konzentration an Kohlensäure entsteht, kann mit dieser Gleichung berechnet werden. Bedingt durch die Instabilität der Kohlensäure kann das nur über den Partialdruck des Kohlendioxids über der Lösung entsprechend erreicht werden.

Setzt man das Henry'sche Gesetz (Gl. (3.6)) in Gl. (4.8), so ergibt sich:

$$([H_2CO_3])_{1,2} = \frac{[HCO_3^-]}{2K_1}([HCO_3^-] \pm \sqrt{[HCO_3^-]^2 + 8K_2[HCO_3^-] + 4K_W})$$

$$(4.16)$$

Den Funktionsgraph von Gl. (4.16) zeigt Abb. 4.12.

Zu beachten ist wieder, dass auch diese Gl. (4.16) immer gelten muss.

Die beiden Gl. (4.15) und (4.16) erhält man natürlich auch, indem man die Alkalinität in den Gl. (3.77) und (3.78) aus Kap. 3.4.11 gleich null setzt.

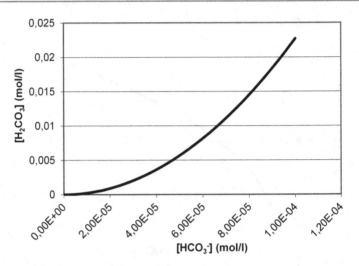

Abb. 4.12 Abhängigkeit der Kohlensäurekonzentration in einer reinen Kohlensäurelösung von der Hydrogencarbonatkonzentration – Gl. (4.16). (© Gerhard Hobiger)

Funktionen des Systems 11*

$$([H_2CO_3])_{1,2} = \frac{[HCO_3^-]}{2K_1}([HCO_3^-] \pm \sqrt{[HCO_3^-]^2 + 8K_2[HCO_3^-] + 4K_W})$$

$$(4.16)$$

$$[HCO_3^-]^3 + \left(\frac{K_1[H_2CO_3] + K_W}{2K_2}\right)[HCO_3^-]^2 - \frac{K_1^2[H_2CO_3]^2}{2K_2} = 0 \quad (4.15)$$

4.2.7   System 12*: $f([H_2CO_3], [CO_3^{2-}])$-Beziehungen zwischen der Kohlensäurekonzentration und der Carbonatkonzentration

Analog erhält man bei Berücksichtigung des Henry'schen Gesetzes (Gl. (3.6)) in den Gl. (4.9) und (4.12) des Systems 6*:

$$[CO_3^{2-}]^3 - \frac{(K_1[H_2CO_3] + K_W)^2}{4K_1K_2[H_2CO_3]}[CO_3^{2-}]^2$$
$$+ \frac{(K_1[H_2CO_3] + K_W)}{2}[CO_3^{2-}] - \frac{K_1K_2[H_2CO_3]}{4} = 0 \quad (4.17)$$

und

$$([H_2CO_3])_{1,2} = \frac{[CO_3^{2-}]}{K_1(K_2 - [CO_3^{2-}])^2}\left(2K_2[CO_3^{2-}]^2 - K_W[CO_3^{2-}] + K_2K_W\right.$$

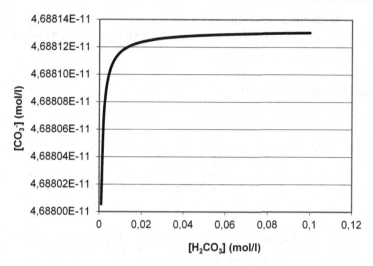

Abb. 4.13 Abhängigkeit der Carbonatkonzentration in einer reinen Kohlensäurelösung von der Kohlensäurekonzentration – Gl. (4.17). (© Gerhard Hobiger)

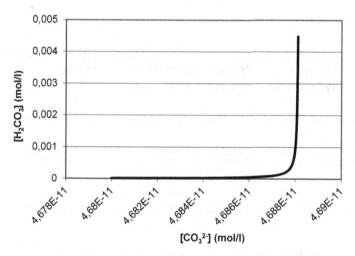

Abb. 4.14 Abhängigkeit der Kohlensäurekonzentration in einer reinen Kohlensäurelösung von der Carbonatkonzentration – Gl. (4.18). (© Gerhard Hobiger)

$$\pm 2[CO_3^{2-}]\sqrt{K_2^2[CO_3^{2-}]^2 - K_2 K_W[CO_3^{2-}] + K_2^2 K_W}\Bigg) \qquad (4.18)$$

Auch diese beiden Gleichungen erhält man wieder, indem man die Alkalinität der entsprechenden Gleichungen aus Kap. 3.4.12 gleich null setzt.

Die grafische Darstellung der beiden Gleichungen zeigen die folgenden Abb. (4.13, und 4.14).

Diese Gleichungen zeigen natürlich wieder das Verhalten, dass die Carbonatkonzentration nur bis zum Zahlenwert der 2. Dissoziationskonstante (K_2) ansteigen kann.

Funktionen des Systems 12*

$$([H_2CO_3])_{1,2} = \frac{[CO_3^{2-}]}{K_1(K_2 - [CO_3^{2-}])^2} \left(2K_2[CO_3^{2-}]^2 - K_W[CO_3^{2-}] + K_2K_W \right.$$

$$\left. \pm 2[CO_3^{2-}]\sqrt{K_2^2[CO_3^{2-}]^2 - K_2K_W[CO_3^{2-}] + K_2^2K_W} \right) \quad (4.18)$$

$$[CO_3^{2-}]^3 - \frac{(K_1[H_2CO_3] + K_W)^2}{4K_1K_2[H_2CO_3]}[CO_3^{2-}]^2 + \frac{(K_1[H_2CO_3] + K_W)}{2}[CO_3^{2-}]$$

$$- \frac{K_1K_2[H_2CO_3]}{4} = 0 \quad (4.17)$$

4.2.8 System 14*: $f([H^+], [HCO_3^-])$-Beziehungen zwischen der Wasserstoffionenkonzentration und der Hydrogencarbonatkonzentration

Wird in den Gl. (3.87) und (3.89) aus Kap. 3.4.14

$$[HCO_3^-] = \frac{[H^+]^2 + [H^+][Alk] - K_W}{[H^+] + 2K_2} = \frac{[H^+] + [Alk] - \frac{K_W}{[H^+]}}{1 + \frac{2K_2}{[H^+]}} \quad (3.87)$$

$$[H^+]_{1,2} = \frac{1}{2}([HCO_3^-] - [Alk] \pm \sqrt{([HCO_3^-] - [Alk])^2 + 8K_2[HCO_3^-] + 4K_w}) \quad (3.89)$$

die Alkalinität gleich null gesetzt, so erhält man:

$$[HCO_3^-] = \frac{[H^+]^2 - K_W}{[H^+] + 2K_2} = \frac{[H^+] - \frac{K_W}{[H^+]}}{1 + \frac{2K_2}{[H^+]}} \quad (4.19)$$

und daraus ergibt sich die Umkehrfunktion zu:

$$[H^+]_{1,2} = \frac{1}{2}([HCO_3^-] \pm \sqrt{[HCO_3^-]^2 + 8K_2[HCO_3^-] + 4K_w}) \quad (4.20)$$

Die Abb. 4.15 und 4.16 zeigen die grafische Darstellung der Gl. (4.19) und (4.20).

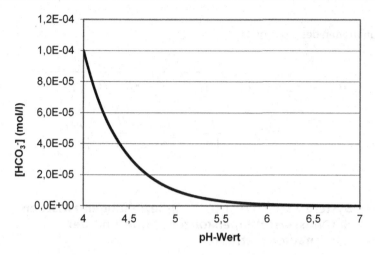

Abb. 4.15 Abhängigkeit der Hydrogencarbonatkonzentration in einer reinen Kohlensäurelösung vom pH-Wert – Gl. (4.19). (© Gerhard Hobiger)

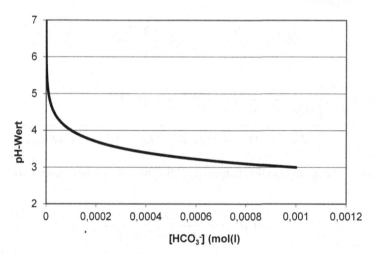

Abb. 4.16 Abhängigkeit des pH-Wertes in einer reinen Kohlensäurelösung von der Hydrogencarbonatkonzentration – Gl. (4.20). (© Gerhard Hobiger)

Ist der pH-Wert einer reinen Kohlendioxidlösung bekannt, so kann mit Gl. (4.19) die in dieser Lösung vorhandene Konzentration an Hydrogencarbonat berechnet werden. Umgekehrt kann aus der Hydrogencarbonatkonzentration der pH-Wert einer reinen Kohlensäurelösung mit Gl. (4.20) berechnet werden.

$$[H^+]_{1,2} = \frac{1}{2}([HCO_3^-] \pm \sqrt{[HCO_3^-]^2 + 8K_2[HCO_3^-] + 4K_w})$$ (4.20)

$$[HCO_3^-] = \frac{[H^+]^2 - K_W}{[H^+] + 2K_2} = \frac{[H^+] - \frac{K_W}{[H^+]}}{1 + \frac{2K_2}{[H^+]}}$$ (4.19)

4.2.9 System 15*: $f([H^+],[CO_3^{2-}])$-Beziehungen zwischen der Wasserstoffionenkonzentration und der Carbonatkonzentration

Bei diesem System wird in den Gl. (3.91) und (3.93) vom System 15 die Alkalinität gleich null gesetzt.

$$[CO_3^{2-}] = \frac{[H^+]^2 K_2 + K_2[Alk][H^+] - K_2 K_w}{[H^+]^2 + 2[H^+]K_2}$$ (3.91)

$$[H^+]_{1,2} = \frac{1}{2([CO_3^{2-}] - K_2)}\Big(K_2([Alk] - 2[CO_3^{2-}])$$

$$\pm \sqrt{K_2^2(2[CO_3^{2-}] - [Alk])^2 - 4K_2 K_w[CO_3^{2-}] + 4K_2^2 K_w}\Big)$$ (3.93)

Nachdem in den beiden Gleichungen die Alkalinität gleich null gesetzt wird, erhält man:

$$[CO_3^{2-}] = \frac{[H^+]^2 K_2 - K_2 K_w}{[H^+]^2 + 2[H^+]K_2}$$ (4.21)

und als entsprechende Umkehrfunktion nach Nullsetzen der Alkalinität in Gl. (3.93):

$$[H^+]_{1,2} = \frac{1}{[CO_3^{2-}] - K_2}\Big(K_2[CO_3^{2-}] \pm \sqrt{K_2^2[CO_3^{2-}]^2 - K_2 K_w[CO_3^{2-}] + K_2^2 K_w}\Big)$$ (4.22)

Mit Gl. (4.21) lässt sich bei bekanntem pH-Wert einer reinen Kohlendioxidlösung die Carbonatkonzentration berechnen. Mit der entsprechenden Umkehrfunktion Gl. (4.22) lässt sich bei bekannter Carbonatkonzentration die Wasserstoffionenkonzentration und somit der pH-Wert berechnen. Die entsprechenden Grafiken zeigen die Abb. 4.17 und 4.18.

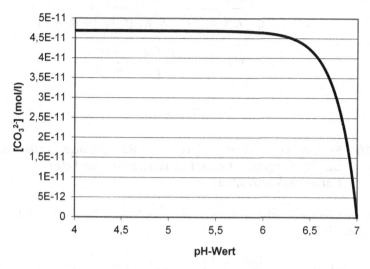

Abb. 4.17 Abhängigkeit der Carbonatkonzentration in einer reinen Kohlensäurelösung vom pH-Wert – Gl. (4.21). (© Gerhard Hobiger)

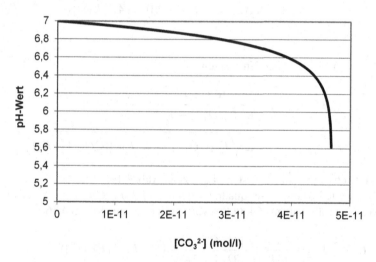

Abb. 4.18 Abhängigkeit des pH-Wertes in einer reinen Kohlensäurelösung von der Carbonatkonzentration – Gl. (4.22). (© Gerhard Hobiger)

Funktionen des Systems 15*

$$[H^+]_{1,2} = \frac{1}{[CO_3^{2-}] - K_2} \Big(K_2 [CO_3^{2-}] \tag{4.22}$$

$$\pm \sqrt{K_2^2[CO_3^{2-}]^2 - K_2K_W[CO_3^{2-}] + K_2^2K_W}\Big) \qquad (4.22)$$

$$[CO_3^{2-}] = \frac{[H^+]^2K_2 - K_2K_W}{[H^+]^2 + 2[H^+]K_2} \qquad (4.21)$$

4.2.10 System 16*: $f([HCO_3^-],[CO_3^{2-}])$-Beziehungen zwischen der Hydrogencarbonatkonzentration und der Carbonatkonzentration

Nachdem man die Alkalinität in Gl. (3.97) vom System 16 aus Kap. 3.4.16 gleich null gesetzt hat

$$([HCO_3^-])_{1,2} = \frac{[CO_3^{2-}]}{2K_2\left([CO_3^{2-}] - K_2\right)}\Big(K_2\left([Alk] - 2[CO_3^{2-}]\right)$$

$$\pm \sqrt{K_2^2\left(2[CO_3^{2-}] - [Alk]\right)^2 - 4K_2K_W\left([CO_3^{2-}] - K_2\right)}\Big)$$

$$(3.97)$$

erhält man nach einfachen Umformungen:

$$([HCO_3^-])_{1,2} = \frac{[CO_3^{2-}]}{K_2\left([CO_3^{2-}] - K_2\right)}\Big(-K_2[CO_3^{2-}] \qquad (4.23)$$

$$\pm \sqrt{K_2^2[CO_3^{2-}]^2 - K_2K_W\left([CO_3^{2-}] - K_2\right)}\Big)$$

Die grafische Darstellung der Gl. (4.23) zeigt Abb. 4.19.

Die zweite Lösung dieser quadratischen Gl. (4.23) ergibt irreale negative Werte. Analog erhält man aus Gl. (3.99) vom System 16 aus Kap. 3.4.16

$$([CO_3^{2-}])_{1,2} = \frac{K_2[HCO_3^-]}{(4K_2[HCO_3^-] + 2K_W)}\Big(([Alk] - [HCO_3^-])$$

$$\pm \sqrt{([Alk] - [HCO_3^-])^2 + 8K_2[HCO_3^-] + 4K_W}\Big) \qquad (3.99)$$

indem die Alkalinität gleich null gesetzt und umgeformt wurde:

$$([CO_3^{2-}])_{1,2} = \frac{K_2[HCO_3^-]}{(4K_2[HCO_3^-] + 2K_W)}\Big(-[HCO_3^-]$$

$$\pm \sqrt{[HCO_3^-]^2 + 8K_2[HCO_3^-] + 4K_W}\Big) \qquad (4.24)$$

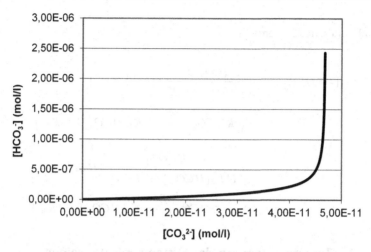

Abb. 4.19 Abhängigkeit der Hydrogencarbonatkonzentration in einer reinen Kohlensäurelösung von der Carbonatkonzentration – Gl. (4.23). (© Gerhard Hobiger)

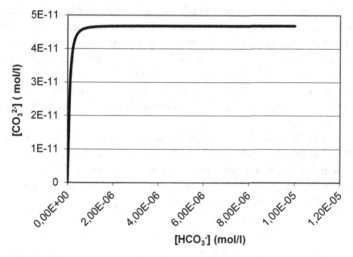

Abb. 4.20 Abhängigkeit der Carbonatkonzentration in einer reinen Kohlensäurelösung von der Hydrogencarbonatkonzentration – Gl. (4.24). (© Gerhard Hobiger)

Abbildung 4.20 zeigt den Graph der Gl. (4.20).

Auch bei Gl. (4.24) liefert die zweite Lösung chemische sinnlose negative Ergebnisse.

Funktionen des Systems 16*

$$
\left([HCO_3^-]\right)_{1,2} = \frac{[CO_3^{2-}]}{K_2\left([CO_3^{2-}] - K_2\right)}\Big(-K_2[CO_3^{2-}]
$$

$$
\pm \sqrt{K_2^2[CO_3^{2-}]^2 - K_2 K_W\left([CO_3^{2-}] - K_2\right)}\Big) \tag{4.23}
$$

$$
\left([CO_3^{2-}]\right)_{1,2} = \frac{K_2[HCO_3^-]}{(4K_2[HCO_3^-] + 2K_W)}\Big(-[HCO_3^-]
$$

$$
\pm \sqrt{[HCO_3^-]^2 + 8K_2[HCO_3^-] + 4K_W}\Big) \tag{4.24}
$$

4.2.10.1 Zusammenfassung des Systems mit der reinen Kohlensäurelösung

Wie schon öfters angemerkt, ist die wesentlichste Eigenschaft des Systems der reinen Kohlensäurelösung, dass es nur 1 Freiheitsgrad besitzt. Das bedeutet, dass bei Vorgabe **eines** Parameters **alle** anderen determiniert und berechenbar sind. Daher ist es vom mathematischen Gesichtspunkt aus völlig egal, welchen Parameter man vorgibt, während es für die praktische Chemie nur Sinn macht, den Partialdruck des Kohlendioxids vorzugeben, da alle anderen Parameter ($[H^+]$, $[H_2CO_3]$, $[HCO_3^-]$, $[CO_3^{2-}]$) nicht alleine in die Lösung gegeben werden können (zu jedem Ion muss ein Gegenion vorhanden sein), und da die Kohlensäure instabil ist, kann auch diese nicht vorgegeben werden.

Dass es nur Sinn macht, den Partialdruck des Kohlendioxids vorzugeben, bedeutet für die Gleichungen, in denen der Partialdruck nicht vorkommt, dass sie nur als Beziehungsgleichungen angesehen werden können. D. h. sie sind in diesem System immer gültig und können somit zur Berechnung der jeweils anderen Ionenkonzentration verwendet werden.

Literatur

Bliefert C (1978) pH-Wert Berechnungen. Verlag Chemie, Weinheim

DIN 38404-10 (2012) Physikalische und physikalisch-chemische Stoffkenngrößen (Gruppe C) – Teil 10: Calcitsättigung eines Wassers

Hobiger G (1997) Kohlensäure in Wasser – Theoretische Hintergründe zu den in der Wasseranalytik verwendeten Parametern, 2. Aufl. Berichte des Umweltbundesamtes (BE-086a), Wien

Hollemann-Wiberg (2007) Lehrbuch der Anorganischen Chemie, 102. Aufl. de Gruyter. Berlin

Kortüm G, Lachmann H (1981) Einführung in die chemische Thermodynamik – Phänomenologische und statistische Behandlung, 7. Aufl. Verlag Chemie, Weinheim

Sigg L, Stumm W (2011) Eine Einführung in die Chemie wässriger Lösungen und natürlicher Gewässer, 5. Aufl. vdf. Hochschulverlag an der ETH, Zürich

Stumm W, Morgan JJ (1996) Aquatic Chemistry – Chemical Equilibria and Rates in Natural Waters, 3. Aufl. Wiley, New York

Anhang

Anhang 1: Beweis, dass eine Lösung von Kohlendioxid in reinem Wasser sauer reagiert

In reinem Wasser gilt folgende Ionenbilanz :

$$[H^+] = [OH^-] \qquad (A1.1)$$

Das bedeutet, in reinem Wasser ist die Konzentration an Wasserstoffionen gleich der Hydroxidionen, was als Neutralpunkt definiert wird. Löst man nun Kohlendioxid in Wasser, so bildet sich Kohlensäure, die weiter in Wasserstoff-, Hydrogencarbonat- und Carbonationen dissoziiert. Daher gilt in diesem Fall folgende Ionenbilanz:

$$[H^+] = [OH^-] + [HCO_3^-] + 2[CO_3^{2-}] \qquad (A1.2)$$

Das bedeutet aber, dass die Wasserstoffionenkonzentration immer größer sein muss als die Hydroxidionenkonzentration, da die Hydrogencarbonat- und Carbonationen-konzentrationen positive Größen sind. Daraus folgt:

$$[H^+] > [OH^-] \qquad (A1.3)$$

Dies ist aber nichts anderes als die Definition für eine saure Lösung.

Mathematisch lässt sich der Neutralpunkt von Wasser wie folgt berechnen:
Beim Neutralpunkt des Wassers gilt die Gl. (A.1):

$$[H^+] = [OH^-] \qquad (A1.1)$$

Außerdem gilt das Ionenprodukt (2.15)

$$[H^+][OH^-] = K_W \qquad (2.15)$$

Beide Gleichungen zusammen ergeben nach einfacher Umformung:

$$[H^+] = \sqrt{K_W} \qquad (A1.4)$$

© Springer-Verlag Berlin Heidelberg 2015
G. Hobiger, *Kohlendioxid in Wasser mit Alkalinität*,
DOI 10.1007/978-3-662-45466-4

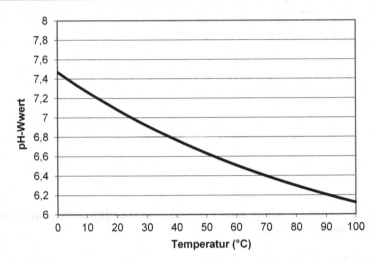

Abb. A.1 Temperaturabhängigkeit des Neutralpunktes des Wassers – Gl. (A.6). (© Gerhard Hobiger)

Mit der Gl. (2.5) folgt für den pH-Wert des Neutralpunktes:

$$pH = \frac{pK_W}{2} \qquad (A1.5)$$

Da das Ionenprodukt des Wassers temperaturabhängig ist, ist auch der Neutralpunkt des Wassers von der Temperatur abhängig (siehe Gl. (3.13) aus Kap. 3.3.1 (DIN 38404-10 Dezember 2012).

Die Abb. A.1 zeigt die Temperaturabhängigkeit des Neutralpunktes von Wasser.

Anhang 2: Beispiel zur Auswahl der richtigen Lösung der Gl. (4.9)

In diesem Anhang soll gezeigt werden, wie man aus den drei Lösungen der Gl. (4.9) die richtige ermittelt. Die Gl. (4.9) lautet:

$$[CO_3^{2-}]^3 - \frac{(K_1 K_H p_{CO_2} + K_W)^2}{4 K_1 K_2 K_H p_{CO_2}} [CO_3^{2-}]^2$$

$$+ \frac{(K_1 K_H p_{CO_2} + K_W)}{2} [CO_3^{2-}] - \frac{K_1 K_2 K_H p_{CO_2}}{4} = 0 \qquad (4.9)$$

Als Gleichung dritten Grades besitzt sie 3 Lösungen. Setzt man für den Partialdruck 0,005 atm ein, so erhält man die folgenden 3 Lösungen (da es nur um die Numerik geht, werden die Einheiten weggelassen):

1. Lösung: 4,68745E-11
2. Lösung: 4,68755E-11
3. Lösung: 0,400024882

Wie im Kap. 4.2.4 erwähnt, unterscheiden sich die beiden tiefsten Zahlenwerte nur um 1,01485E-15. Zur Kontrolle rechnet man aus den 3 Lösungen wieder den Partialdruck mit Gl. (4.12) zurück. Dabei erhält man aufgrund der quadratischen Gleichung jeweils 2 Werte für den Partialdruck:

Werden nun die 3 Lösungen aus Gl. (4.9) in die Gl. (4.12) eingesetzt, erhält man jeweils 2 Lösungen für den Partialdruck des Kohlendioxids:

$$\left(p_{CO_2}\right)_{1,2} = \frac{[CO_3^{2-}]}{K_H K_1 \left(K_2 - [CO_3^{2-}]\right)^2} \left(2K_2[CO_3^{2-}]^2 - K_W[CO_3^{2-}] + K_2 K_W\right.$$

$$\left. \pm 2[CO_3^{2-}]\sqrt{K_2^2[CO_3^{2-}]^2 - K_2 K_W[CO_3^{2-}] + K_2^2 K_W}\right) \qquad (4.12)$$

Lösung aus Gl. (4.9)	1. Lösung aus Gl. (4.12)	2. Lösung aus Gl. (4.12)
$[CO_3^{2-}]$	$(pCO_2)_1$	$(pCO_2)_2$
4,68745E-11	0,004999999	0,004283142
4,68755E-11	0,005913138	0,005000001
0,400024882	0,005	9,05544E-11

Daraus erkennt man, dass jeweils eine Lösung den richtigen Partialdruck zurückgibt und somit die Gl. (4.9) richtig gelöst wurde. Allerdings kann nicht entschieden werden, welche von den 3 Lösungen die richtige Carbonatkonzentration ist.

Um das zu entscheiden, wird aus den drei Carbonatkonzentrationen, welche durch die Lösung der Gl. (4.9) erhalten wurden, die entsprechende Wasserstoffionenkonzentration Gl. (4.22) und in weiterer Folge der pH-Wert berechnet:

$$[H^+]_{1,2} = \frac{1}{[CO_3^{2-}] - K_2} \left(K_2[CO_3^{2-}] \pm \sqrt{K_2^2[CO_3^{2-}]^2 - K_2 K_W[CO_3^{2-}] + K_2^2 K_W}\right)$$

$$(4.22)$$

Lösung aus Gl. (4.9)	1. Lösung aus Gl. (4.22)	2. Lösung aus Gl. (4.22)
$[CO_3^{2-}]$	$(pH)_1$	$(pH)_2$
4,68745E-11	5,06	Nicht bestimmbar
4,68755E-11	5,03	Nicht bestimmbar
0,400024882	Nicht bestimmbar	Nicht bestimmbar

Aus der Berechnung fallen alle 2. Lösungen und auch die 1., die aus der 3. Lösung der Gl. (4.9) resultiert, weg, da die entsprechende Wasserstoffionenkonzentration negativ wird und somit chemisch sinnlos.

Im nächsten Schritt wird die Hydrogencarbonatkonzentration aus der Carbonatkonzentration mit Gl. (4.23) bestimmt:

$$([HCO_3^-])_{1,2} = \frac{[CO_3^{2-}]}{K_2([CO_3^{2-}] - K_2)} \left(-K_2[CO_3^{2-}] \right.$$
$$\left. \pm \sqrt{K_2^2[CO_3^{2-}]^2 - K_2 K_W([CO_3^{2-}] - K_2)} \right) \qquad (4.23)$$

Lösung aus Gl. (4.9)	1. Lösung aus Gl. (4.23)	2. Lösung aus Gl. (4.23)
$[CO_3{}^{2-}]$	$[HCO_3{}^-]_1$	$[HCO_3{}^-]_2$
4,68745E-11	8,65931E-06	< 0
4,68755E-11	9,41699E-06	< 0

Aus der Hydrogencarbonatkonzentration kann noch nicht entschieden werden, welche die richtige Carbonatkonzentration ist. Daher wird aus der Hydrogencarbonatkonzentration mit Gl. (4.8) wieder der Partialdruck berechnet:

$$(p_{CO_2})_{1,2} = \frac{[HCO_3^-]}{2K_1 K_H} \left([HCO_3^-] \pm \sqrt{[HCO_3^-]^2 + 8K_2[HCO_3^-] + 4K_W} \right) \quad (4.8)$$

Lösung aus Gl. (4.23)	1. Lösung aus Gl. (4.8)	2. Lösung aus Gl. (4.8)
$[HCO_3{}^-]$	$(pCO_2)_1$	$(pCO_2)_2$
8,65931E-06	0,004999999	< 0
9,41699E-06	0,005913138	< 0

Daraus erkennt man, dass nur die 1. Lösung wieder den zu Beginn der Berechnung eingesetzten Partialdruck liefert und somit die richtige Carbonatkonzentration ist. Dass sich nicht der genaue eingesetzte Wert von 0,005 ergibt, ist auf die Numerik zurückzuführen.

Aus dem nun richtigen Partialdruck kann über das Henry'sche Gesetz (Gl. 3.6) die zugehörige Kohlensäurekonzentration berechnet werden:

$$[H_2CO_3] = K_H p_{CO_2} \qquad (3.6)$$

Daraus ergibt sich $[H_2CO_3] = 0,000170228$

[Als Ergebnis erhält man daher, dass bei einem Partialdruck von 0,0005 atm folgende Konzentrationen im reinen Wasser vorliegen:]

pCO_2	0,005	atm
$[H_2CO_3]$	0,000170228	mol/l
$[HCO_3^-]$	8,65931E-06	mol/l
$[CO_3^{2-}]$	4,68745E-11	mol/l

▶   Analoge Berechnungen sind auch bei den Gleichungen des Kap. 3 notwendig. Zusammenfassend kann gesagt werden, dass man immer alle Parameter berechnen muss, um die konsistenten Zahlenwerte der einzelnen Parameter zu ermitteln.

Anhang 3: Die expliziten Gleichungen zu den einzelnen Systemen

System	Funktion	Gleichung	Gl. Nr.
System 1 $f\left(p_{CO_2}, [H^+], [HCO_3^-]\right) = 0$	$p_{CO_2} = f\left([H^+], [HCO_3^-]\right)$	$p_{CO_2} = \dfrac{[H^+]\left[HCO_3^-\right]}{K_H K_1}$	(3.20)
	$[H^+] = f\left(p_{CO_2}, [HCO_3^-]\right)$	$[H^+] = \dfrac{K_1 K_H p_{CO_2}}{\left[HCO_3^-\right]}$	(3.21)
(Kombination 5)	$[HCO_3^-] = f\left(p_{CO_2}, [H^+]\right)$	$\left[HCO_3^-\right] = \dfrac{K_1 K_H p_{CO_2}}{[H^+]}$ $\lg\left[HCO_3^-\right] = \lg K_H + \lg K_1 + \lg p_{CO_2} + pH$	(3.22) (3.23)
System 2 $f\left(p_{CO_2}, [H^+], [CO_3^{2-}]\right) = 0$	$p_{CO_2} = f\left([H^+], [CO_3^{2-}]\right)$	$p_{CO_2} = \dfrac{[H^+]^2 \left[CO_3^{2-}\right]}{K_1 K_2 K_H}$	(3.27)
	$[H^+] = f\left(p_{CO_2}, [CO_3^{2-}]\right)$	$[H^+] = \sqrt{\dfrac{K_1 K_2 K_H p_{CO_2}}{\left[CO_3^{2-}\right]}} = \left(\dfrac{K_1 K_2 K_H p_{CO_2}}{\left[CO_3^{2-}\right]}\right)^{\frac{1}{2}}$	(3.28)
(Kombination 6)	$[CO_3^{2-}] = f\left(p_{CO_2}, [H^+]\right)$	$\left[CO_3^{2-}\right] = \dfrac{K_1 K_2 K_H p_{CO_2}}{[H^+]^2}$ $\lg\left[CO_3^{2-}\right] = \lg K_H + \lg K_1 + \lg K_2 + \lg p_{CO_2} + 2pH$	(3.29) (3.30)
System 3 $f\left(p_{CO_2}, [H^+], [Alk]\right) = 0$	$p_{CO_2} = f\left([H^+], [Alk]\right)$	$p_{CO_2} = \dfrac{[H^+]^3 + [Alk][H^+]^2 - K_W[H^+]}{K_1 K_H[H^+] + 2K_1 K_2 K_H} = \dfrac{[H^+]\left([H^+]^2 + [Alk][H^+] - K_W\right)}{K_1 K_H\left([H^+] + 2K_2\right)}$	(3.34)
	$[H^+] = f\left(p_{CO_2}, [Alk]\right)$	$[H^+]^3 + [Alk][H^+]^2 - \left(K_1 K_H p_{CO_2} + K_W\right)[H^+] - 2K_1 K_2 K_H p_{CO_2} = 0$	(3.35)
(Kombination 7)	$[Alk] = f\left(p_{CO_2}, [H^+]\right)$	$[Alk] = \dfrac{K_1 K_H p_{CO_2}}{[H^+]} + \dfrac{2K_1 K_2 K_H p_{CO_2}}{[H^+]^2} + \dfrac{K_W}{[H^+]} - [H^+]$	(3.33)
System 4	$p_{CO_2} = f\left([HCO_3^-], [CO_3^{2-}]\right)$	$p_{CO_2} = \dfrac{K_2\left[HCO_3^-\right]^2}{K_1 K_H\left[CO_3^{2-}\right]}$	(3.37)

System	Funktion	Gleichung	Gl. Nr.
$f\left(pCO_2, [HCO_3^-], [CO_3^{2-}]\right) = 0$	$[HCO_3^-] = f\left(pCO_2, [CO_3^{2-}]\right)$	$[HCO_3^-] = \sqrt{\dfrac{K_1 K_H pCO_2 [CO_3^{2-}]}{K_2}} = \left(\dfrac{K_1 K_H pCO_2 [CO_3^{2-}]}{K_2}\right)^{\frac{1}{2}}$	(3.38)
(Kombination 8)	$[CO_3^{2-}] = f\left(pCO_2, [HCO_3^-]\right)$	$[CO_3^{2-}] = \dfrac{K_2 [HCO_3^-]^2}{K_1 K_H pCO_2}$	(3.39)
System 5	$pCO_2 = f\left([HCO_3^-], [Alk]\right)$	$(pCO_2)_{1,2} = \dfrac{[HCO_3^-]}{2K_1 K_H}\left(\left([HCO_3^-] - [Alk]\right) \pm \sqrt{\left([HCO_3^-] - [Alk]\right)^2 + 8K_2\left[HCO_3^-\right] + 4K_W}\right)$	(3.47)
$f\left(pCO_2, [HCO_3^-], [Alk]\right) = 0$	$[HCO_3^-] = f\left(pCO_2, [Alk]\right)$	$[HCO_3^-]^3 + \left(\dfrac{K_1 K_H pCO_2 + K_W}{2K_2}\right)[HCO_3^-]^2 - \dfrac{K_1 K_H pCO_2 [Alk]}{2K_2}\left[HCO_3^-\right] - \dfrac{K_1^2 K_H^2 pCO_2^2}{2K_2} = 0$	(3.41)
(Kombination 9)	$[Alk] = f\left(pCO_2, [HCO_3^-]\right)$	$[Alk] = [HCO_3^-] + \dfrac{2K_2[HCO_3^-]^2}{K_1 K_H pCO_2} + \dfrac{K_W\left[HCO_3^-\right]}{K_1 K_H pCO_2} - \dfrac{K_1 K_H pCO_2}{[HCO_3^-]}$	(3.48)
System 6	$pCO_2 = f\left([CO_3^{2-}], [Alk]\right)$	$(pCO_2)_{1,2} = \dfrac{[CO_3^{2-}]}{2\left(\left[CO_3^{2-}\right] - K_2\right)^2 K_1 K_H}\left(A \pm \sqrt{A^2 - 4K_W^2\left(\left[CO_3^{2-}\right] - K_2\right)^2}\right)$ $A = 4K_2\left[CO_3^{2-}\right]^2 - 4K_2[Alk]\left[CO_3^{2-}\right] - 2K_W\left[CO_3^{2-}\right]$ $+ 2K_2 K_W + K_2[Alk]^2$	(3.55) (3.56)
$f\left(pCO_2, [CO_3^{2-}], [Alk]\right) = 0$	$[CO_3^{2-}] = f\left(pCO_2, [Alk]\right)$	$[CO_3^{2-}]^3 - \left([Alk] + \dfrac{\left(K_1 K_H pCO_2 + K_W\right)^2}{4K_1 K_2 K_H pCO_2}\right)[CO_3^{2-}]^2$ $+ \dfrac{[Alk]^2 + 2K_1 K_H pCO_2 + 2K_W}{4}\left[CO_3^{2-}\right] - \dfrac{K_1 K_2 K_H pCO_2}{4} = 0$	(3.53)
(Kombination 10)	$[Alk] = f\left(pCO_2, [CO_3^{2-}]\right)$	$[Alk] = \left(\dfrac{K_1 K_2 K_H pCO_2}{[CO_3^{2-}]}\right)^{\frac{1}{2}}\left(\dfrac{[CO_3^{2-}] - K_2}{K_2}\right) + 2\left[CO_3^{2-}\right] + K_W\left(\dfrac{K_1 K_2 K_H pCO_2}{[CO_3^{2-}]}\right)^{-\frac{1}{2}}$	(3.50)

System	Funktion	Gleichung	Gl. Nr.
System 7	$[H_2CO_3] = f(([H^+],[HCO_3^-]))$	$[H_2CO_3] = \dfrac{[H^+]\,[HCO_3^-]}{K_1}$	(3.61)
$f(([H_2CO_3],[H^+],[HCO_3^-])) = 0$		$[H^+] = \dfrac{K_1[H_2CO_3]}{[HCO_3^-]}$	(3.62)
(Kombination 11)		$[HCO_3^-] = \dfrac{K_1[H_2CO_3]}{[H^+]}$; $\lg[HCO_3^-] = pK_1 + pH + \lg[H_2CO_3]$	(3.63) (3.64)
System 8	$[H_2CO_3] = f(([H^+],[CO_3^{2-}]))$	$[H_2CO_3] = \dfrac{[H^+]^2[CO_3^{2-}]}{K_1K_2}$	(3.66)
$f(([H_2CO_3],[H^+],[CO_3^{2-}])) = 0$		$[H^+] = \left(\dfrac{K_1K_2[H_2CO_3]}{[CO_3^{2-}]}\right)^{\frac{1}{2}}$	(3.67)
(Kombination 12)		$[CO_3^{2-}] = \dfrac{K_1K_2[H_2CO_3]}{[H^+]^2}$; $\lg[CO_3^{2-}] = \lg K_1 + \lg K_2 + \lg[H_2CO_3] + 2pH$	(3.68) (3.69)
System 9	$[H_2CO_3] = f(([H^+],[Alk]))$	$[H_2CO_3] = \dfrac{[H^+]^3 + [Alk][H^+]^2 - K_W[H^+]}{K_1[H^+]+2K_1K_2} = \dfrac{[H^+]\left(\big([H^+]^2+[Alk][H^+]-K_W\big)[H^+]-K_W\right)}{K_1([H^+]+2K_2)}$	(3.71)
$f(([H_2CO_3],[H^+],[Alk])) = 0$		$[H^+]^3 + [Alk][H^+]^2 - (K_1[H_2CO_3]+K_W)[H^+] - 2K_1K_2[H_2CO_3] = 0$	(3.72)
(Kombination 13)		$[Alk] = \dfrac{K_1[H_2CO_3]}{[H^+]} + \dfrac{2K_1K_2[H_2CO_3]}{[H^+]^2} + \dfrac{K_W}{[H^+]} - [H^+]$	(3.70)
System 10	$[H_2CO_3] = f(([HCO_3^-],[CO_3^{2-}]))$	$[H_2CO_3] = \dfrac{K_2[HCO_3^-]^2}{K_1[CO_3^{2-}]}$	(3.74)

System	Funktion	Gleichung	Gl. Nr.
$f\left(\left[H_2CO_3\right],\left[HCO_3^-\right],\left[CO_3^{2-}\right]\right)=0$	$\left[HCO_3^-\right]=f\left(\left[H_2CO_3\right],\left[CO_3^{2-}\right]\right)$	$\left[HCO_3^-\right]=\sqrt{\dfrac{K_1\left[H_2CO_3\right]\left[CO_3^{2-}\right]}{K_2}}=\left(\dfrac{K_1\left[H_2CO_3\right]\left[CO_3^{2-}\right]}{K_2}\right)^{\frac{1}{2}}$	(3.75)
(Kombination 14)	$\left[CO_3^{2-}\right]=f\left(\left[H_2CO_3\right],\left[HCO_3^-\right]\right)$	$\left[CO_3^{2-}\right]=\dfrac{K_2\left[HCO_3^-\right]^2}{K_1\left[H_2CO_3\right]}$	(3.76)
System 11	$\left[H_2CO_3\right]=f\left(\left[HCO_3^-\right],\left[Alk\right]\right)$	$\left(\left[H_2CO_3\right]\right)_{1,2}=\dfrac{\left[HCO_3^-\right]}{2K_1}\Bigg(\left(\left[HCO_3^-\right]-\left[Alk\right]\right)$ $\pm\sqrt{\left(\left[HCO_3^-\right]-\left[Alk\right]\right)^2+8K_2\left[HCO_3^-\right]+4K_W}\Bigg)$	(3.78)
$f\left(\left[H_2CO_3\right],\left[HCO_3^-\right],\left[Alk\right]\right)=0$	$\left[HCO_3^-\right]=f\left(\left[H_2CO_3\right],\left[Alk\right]\right)$	$\left[HCO_3^-\right]^3+\left(\dfrac{K_1\left[H_2CO_3\right]+K_W}{2K_2}\right)\left[HCO_3^-\right]^2-\dfrac{K_1\left[H_2CO_3\right]\left[Alk\right]}{2K_2}\left[HCO_3^-\right]-\dfrac{K_1^2\left[H_2CO_3\right]^2}{2K_2}=0$	(3.77)
(Kombination 15)	$\left[Alk\right]=f\left(\left[H_2CO_3\right],\left[HCO_3^-\right]\right)$	$\left[Alk\right]=\left[HCO_3^-\right]+\dfrac{2K_2\left[HCO_3^-\right]^2}{K_1\left[H_2CO_3\right]}+\dfrac{K_W\left[HCO_3^-\right]}{K_1\left[H_2CO_3\right]}-\dfrac{K_1\left[H_2CO_3\right]}{\left[HCO_3^-\right]}$	(3.79)
System 12	$\left[H_2CO_3\right]=f\left(\left[CO_3^{2-}\right],\left[Alk\right]\right)$	$\left(\left[H_2CO_3\right]\right)_{1,2}=\dfrac{\left[CO_3^{2-}\right]}{2\left(\left[CO_3^{2-}\right]-K_2\right)^2 K_1}\left(A\pm\sqrt{A^2-4K_W^2\left(\left[CO_3^{2-}\right]-K_2\right)^2}\right)$ $A=4K_2\left[CO_3^{2-}\right]^2-4K_2\left[Alk\right]\left[CO_3^{2-}\right]+2K_2K_W+K_2\left[Alk\right]^2$	(3.82) (3.56)
$f\left(\left[H_2CO_3\right],\left[CO_3^{2-}\right],\left[Alk\right]\right)=0$	$\left[CO_3^{2-}\right]=f\left(\left[H_2CO_3\right],\left[Alk\right]\right)$	$\left[CO_3^{2-}\right]^3-\left(\left[Alk\right]+\dfrac{K_1\left[H_2CO_3\right]+K_W}{4K_1K_2\left[H_2CO_3\right]}\right)\left[CO_3^{2-}\right]^2$ $+\dfrac{\left[Alk\right]^2+2K_1\left[H_2CO_3\right]+2K_W}{4}\left[CO_3^{2-}\right]-\dfrac{K_1K_2\left[H_2CO_3\right]}{4}=0$	(3.81)
(Kombination 16)	$\left[Alk\right]=f\left(\left[H_2CO_3\right],\left[CO_3^{2-}\right]\right)$	$\left[Alk\right]=\left(\dfrac{K_1K_2\left[H_2CO_3\right]}{\left[CO_3^{2-}\right]}\right)^{\frac{1}{2}}\left(\dfrac{\left[CO_3^{2-}\right]-K_2}{K_2}\right)+2\left[CO_3^{2-}\right]+K_W\left(\dfrac{K_1K_2\left[H_2CO_3\right]}{\left[CO_3^{2-}\right]}\right)^{-\frac{1}{2}}$	(3.80)

System	Funktion	Gleichung	Gl. Nr.
System 13	$[H^+] = f([HCO_3^-], [CO_3^{2-}])$	$[H^+] = \dfrac{K_2[HCO_3^-]}{[CO_3^{2-}]}$	(3.83)
$f([H^+], [HCO_3^-], [CO_3^{2-}]) = 0$	$[HCO_3^-] = f([H^+], [CO_3^{2-}])$	$[HCO_3^-] = \dfrac{[H^+][CO_3^{2-}]}{K_2}$	(3.84)
(Kombination 17)	$[CO_3^{2-}] = f([H^+], [HCO_3^-])$	$[CO_3^{2-}] = \dfrac{K_2[HCO_3^-]}{[H^+]}$	(3.85)
System 14	$[H^+] = f([HCO_3^-], [Alk])$	$[H^+]_{1,2} = \dfrac{1}{2}\left(([HCO_3^-] - [Alk]) \pm \sqrt{([HCO_3^-] - [Alk])^2 + 8K_2[HCO_3^-] + 4K_w}\right)$	(3.89)
$f([H^+], [HCO_3^-], [Alk]) = 0$	$[HCO_3^-] = f([H^+], [Alk])$	$[HCO_3^-] = \dfrac{[H^+]^2 + [H^+][Alk] - K_w}{[H^+]^2 + 2K_2} = \dfrac{[H^+] + [Alk] - \frac{K_w}{[H^+]}}{1 + \frac{2K_2}{[H^+]}}$	(3.87)
(Kombination 18)	$[Alk] = f([H^+], [HCO_3^-])$	$[Alk] = [HCO_3^-]\left(1 + \dfrac{2K_2}{[H^+]}\right) + \dfrac{K_w}{[H^+]} - [H^+]$	(3.86)
System 15	$[H^+] = f([CO_3^{2-}], [Alk])$	$[H^+]_{1,2} = \dfrac{1}{2([CO_3^{2-}] - K_2)}\left(K_2([Alk] - 2[CO_3^{2-}]) \pm \sqrt{K_2^2(2[CO_3^{2-}] - [Alk])^2 - 4K_2K_w[CO_3^{2-}] + 4K_2^2K_w}\right)$	(3.93)
$f([H^+], [CO_3^{2-}], [Alk]) = 0$	$[CO_3^{2-}] = f([H^+], [Alk])$	$[CO_3^{2-}] = \dfrac{[H^+]^2K_2 + K_2[Alk][H^+] - K_2K_w}{[H^+]^2 + 2[H^+]K_2}$	(3.91)
(Kombination 19)	$[Alk] = f([H^+], [CO_3^{2-}])$	$[Alk] = \dfrac{[H^+][CO_3^{2-}]}{K_2} + 2[CO_3^{2-}] + \dfrac{K_w}{[H^+]} - [H^+]$	(3.90)

System	Funktion	Gleichung	Gl. Nr.
System 16	$f([HCO_3^-],[CO_3^{2-}],[Alk])=0$		
	$[HCO_3^-]=f([CO_3^{2-}],[Alk])$	$$([HCO_3^-])_{1,2}=\frac{[CO_3^{2-}]}{2K_2([CO_3^{2-}]-K_2)}\left(K_2([Alk]-2[CO_3^{2-}])\right.$$ $$\left.\pm\sqrt{K_2^2\left(2[CO_3^{2-}]-[Alk]\right)^2-4K_2K_W\left([CO_3^{2-}]-K_2\right)}\right)$$	(3.97)
	$[CO_3^{2-}]=f([HCO_3^-],[Alk])$	$$([CO_3^{2-}])_{1,2}=\frac{K_2[HCO_3^-]}{(4K_2[HCO_3^-]+2K_W)}\left(([Alk]-[HCO_3^-])\right.$$ $$\left.\pm\sqrt{([HCO_3^-]-[Alk])^2+8K_2[HCO_3^-]+4K_W}\right)$$	(3.99)
(Kombination 20)	$[Alk]=f([HCO_3^-],[CO_3^{2-}])$	$$[Alk]=[HCO_3^-]+2[CO_3^{2-}]+\frac{K_W[CO_3^{2-}]}{K_2[HCO_3^-]}-\frac{K_2[HCO_3^-]}{[CO_3^{2-}]}$$	(3.100)

Anhang 4: Tabellen mit jeweils gleichen abhängigen Variablen im System mit Alkalinität (Tab. A.5, A.6, A.7, A.4, A.5 und A.6)

Tab. A.5 Funktionen zur Berechnung des Partialdruckes des Kohlendioxids

Gleichung	Funktion	System	Gl. Nr.
$$p_{CO_2} = \frac{[H^+][HCO_3^-]}{K_H K_1}$$	$p_{CO_2} = f([H^+],[HCO_3^-])$	1	(3.20)
$$p_{CO_2} = \frac{[H^+]^2[CO_3^{2-}]}{K_1 K_2 K_H}$$	$p_{CO_2} = f([H^+],[CO_3^{2-}])$	2	(3.27)
$$p_{CO_2} = \frac{[H^+]^3 + [Alk][H^+]^2 - K_W[H^+]}{K_1 K_H[H^+] + 2K_1 K_2 K_H}$$ $$= \frac{[H^+]\left([H^+]^2 + [Alk][H^+] - K_W\right)}{K_1 K_H([H^+] + 2K_2)}$$	$p_{CO_2} = f([H^+],[Alk])$	3	(3.34)
$$p_{CO_2} = \frac{K_2[HCO_3^-]^2}{K_1 K_H[CO_3^{2-}]}$$	$p_{CO_2} = f([HCO_3^-],[CO_3^{2-}])$	4	(3.37)
$$(p_{CO_2})_{1,2} = \frac{[HCO_3^-]}{2K_1 K_H}\left(([HCO_3^-]-[Alk]) \pm \sqrt{([HCO_3^-]-[Alk])^2 + 8K_2[HCO_3^-] + 4K_W}\right)$$	$p_{CO_2} = f([HCO_3^-],[Alk])$	5	(3.47)
$$(p_{CO_2})_{1,2} = \frac{[CO_3^{2-}]}{2([CO_3^{2-}]-K_2)^2 K_1 K_H}\left(A \pm \sqrt{A^2 - 4K_W^2([CO_3^{2-}]-K_2)^2}\right)$$ $$A = 4K_2[CO_3^{2-}]^2 - 4K_2[Alk][CO_3^{2-}] - 2K_W[CO_3^{2-}] + 2K_2 K_W + K_2[Alk]^2$$	$p_{CO_2} = f([CO_3^{2-}],[Alk])$	6	(3.55) (3.56)

Tab. A.6 Funktionen zur Berechnung der Kohlensäurekonzentration

Gleichung	Funktion	System	Gl. Nr.
$[H_2CO_3] = \dfrac{[H^+][HCO_3^-]}{K_1}$	$[H_2CO_3] = f([H^+],[HCO_3^-])$	7	(3.61)
$[H_2CO_3] = \dfrac{[H^+]^2[CO_3^{2-}]}{K_1K_2}$	$[H_2CO_3] = f([H^+],[CO_3^{2-}])$	8	(3.66)
$[H_2CO_3] = \dfrac{[H^+]^3+[Alk][H^+]^2-K_W[H^+]}{K_1[H^+]+2K_1K_2}$ $= \dfrac{[H^+]\left([H^+]^2+[Alk][H^+]-K_W\right)}{K_1([H^+]+2K_2)}$	$[H_2CO_3] = f([H^+],[Alk])$	9	(3.71)
$[H_2CO_3] = \dfrac{K_2[HCO_3^-]^2}{K_1[CO_3^{2-}]}$	$[H_2CO_3] = f([HCO_3^-],[CO_3^{2-}])$	10	(3.74)
$([H_2CO_3])_{1,2} = \dfrac{[HCO_3^-]}{2K_1}\left(([HCO_3^-]-[Alk])\right.$ $\left.\pm\sqrt{([HCO_3^-]-[Alk])^2+8K_2[HCO_3^-]+4K_W}\right)$	$[H_2CO_3] = f([HCO_3^-],[Alk])$	11	(3.78)
$([H_2CO_3])_{1,2} = \dfrac{[CO_3^{2-}]}{2\left([CO_3^{2-}]-K_2\right)^2 K_1}\left(A\pm\sqrt{A^2-4K_W^2\left([CO_3^{2-}]-K_2\right)^2}\right)$ $[A=4K_2[CO_3^{2-}]^2-4K_2[Alk][CO_3^{2-}]-2K_W[CO_3^{2-}]$ $+2K_2K_W+K_2[Alk]^2]$	$[H_2CO_3] = f([CO_3^{2-}],[Alk])$	12	(3.82) (3.56)

Tab. A.7 Funktionen zur Berechnung der Wasserstoffionenkonzentration

Gleichung	Funktion	System	Gl. Nr.
$[H^+] = \dfrac{K_1 K_H p_{CO_2}}{[HCO_3^-]}$	$[H^+] = f(p_{CO_2}, [HCO_3^-])$	1	(3.21)
$[H^+] = \sqrt{\dfrac{K_1 K_2 K_H p_{CO_2}}{[CO_3^{2-}]}} = \left(\dfrac{K_1 K_2 K_H p_{CO_2}}{[CO_3^{2-}]}\right)^{\frac{1}{2}}$	$[H^+] = f(p_{CO_2}, [CO_3^{2-}])$	2	(3.28)
$[H^+]^3 + [Alk][H^+]^2 - (K_1 K_H p_{CO_2} + K_w)[H^+] - 2K_1 K_2 K_H p_{CO_2} = 0$	$[H^+] = f(p_{CO_2}, [Alk])$	3	(3.35)
$[H^+] = \dfrac{K_1[H_2CO_3]}{[HCO_3^-]}$	$[H^+] = f([H_2CO_3], [HCO_3^-])$	7	(3.62)
$[H^+] = \sqrt{\dfrac{K_1 K_2 [H_2CO_3]}{[CO_3^{2-}]}} = \left(\dfrac{K_1 K_2 [H_2CO_3]}{[CO_3^{2-}]}\right)^{\frac{1}{2}}$	$[H^+] = f([H_2CO_3], [CO_3^{2-}])$	8	(3.67)
$[H^+]^3 + [Alk][H^+]^2 - (K_1[H_2CO_3] + K_w)[H^+] - 2K_1 K_2[H_2CO_3] = 0$	$[H^+] = f([H_2CO_3], [Alk])$	9	(3.72)
$[H^+] = \dfrac{K_2[HCO_3^-]}{[CO_3^{2-}]}$	$[H^+] = f([HCO_3^-], [CO_3^{2-}])$	13	(3.83)
$[H^+]_{1,2} = \dfrac{1}{2}\left(([HCO_3^-] - [Alk]) \pm \sqrt{([HCO_3^-] - [Alk])^2 + 8K_2[HCO_3^-] + 4K_w}\right)$	$[H^+] = f([HCO_3^-], [Alk])$	14	(3.89)
$[H^+]_{1,2} = \dfrac{1}{2([CO_3^{2-}] - K_2)}\left(K_2([Alk] - 2[CO_3^{2-}]) \pm \sqrt{K_2^2(2[CO_3^{2-}] - [Alk])^2 - 4K_2 K_w[CO_3^{2-}] + 4K_2^2 K_w}\right)$	$[H^+] = f([CO_3^{2-}], [Alk])$	15	(3.93)

Tab. A.8 Funktionen zur Berechnung der Hydrogencarbonatkonzentration

Gleichung	Funktion	System	Gl. Nr.
$[HCO_3^-] = \dfrac{K_1 K_H p_{CO_2}}{[H^+]}$ $\lg[HCO_3^-] = \lg K_H + \lg K_1 + \lg p_{CO_2} + pH$	$[HCO_3^-] = f(p_{CO_2}, [H^+])$	1	(3.22) (3.23)
$[HCO_3^-] = \sqrt{\dfrac{K_1 K_H p_{CO_2}[CO_3^{2-}]}{K_2}} = \left(\dfrac{K_1 K_H p_{CO_2}[CO_3^{2-}]}{K_2}\right)^{\frac{1}{2}}$	$[HCO_3^-] = f(p_{CO_2}, [CO_3^{2-}])$	4	(3.38)
$[HCO_3^-]^3 + \left(\dfrac{K_1 K_H p_{CO_2} + K_w}{2K_2}\right)[HCO_3^-]^2 - \dfrac{K_1 K_H p_{CO_2}[Alk]}{2K_2}[HCO_3^-]$ $\quad - \dfrac{K_1^2 K_H^2 p_{CO_2}^2}{2K_2} = 0$	$[HCO_3^-] = f(p_{CO_2}, [Alk])$	5	(3.41)
$[HCO_3^-] = \dfrac{K_1[H_2CO_3]}{[H^+]}$ $\lg[HCO_3^-] = pK_1 + pH + \lg[H_2CO_3]$	$[HCO_3^-] = f([H_2CO_3], [H^+])$	7	(3.63) (3.64)
$[HCO_3^-] = \sqrt{\dfrac{K_1[H_2CO_3][CO_3^{2-}]}{K_2}} = \left(\dfrac{K_1[H_2CO_3][CO_3^{2-}]}{K_2}\right)^{\frac{1}{2}}$	$[HCO_3^-] = f([H_2CO_3], [CO_3^{2-}])$	10	(3.75)
$[HCO_3^-]^3 + \left(\dfrac{K_1[H_2CO_3] + K_w}{2K_2}\right)[HCO_3^-]^2 - \dfrac{K_1[H_2CO_3][Alk]}{2K_2}[HCO_3^-]$ $\quad - \dfrac{K_1^2[H_2CO_3]^2}{2K_2} = 0$	$[HCO_3^-] = f([H_2CO_3], [Alk])$	11	(3.77)

Tab. A.4 (Fortsetzung)

Gleichung	Funktion	System	Gl. Nr.
$[HCO_3^-] = \dfrac{[H^+]\,[CO_3^{2-}]}{K_2}$	$[HCO_3^-] = f\left([H^+],[CO_3^{2-}]\right)$	13	(3.84)
$[HCO_3^-] = \dfrac{[H^+]^2 + [H^+]\,[Alk] - K_W}{[H^+]+2K_2} = \dfrac{[H^+]+[Alk]-\dfrac{K_W}{[H^+]}}{1+\dfrac{2K_2}{[H^+]}}$	$[HCO_3^-] = f\left([H^+],[Alk]\right)$	14	(3.87)
$\left([HCO_3^-]\right)_{1,2} = \dfrac{[CO_3^{2-}]}{2K_2\left([CO_3^{2-}]-K_2\right)} \left(K_2\left([Alk]-2[CO_3^{2-}]\right)\right.$ $\left.\pm\sqrt{K_2^2\left(2[CO_3^{2-}]-[Alk]\right)^2 - 4K_2K_W\left([CO_3^{2-}]-K_2\right)}\right)$	$[HCO_3^-] = f\left([CO_3^{2-}],[Alk]\right)$	15	(3.93)

Tab. A.5 Funktionen zur Berechnung der Carbonatkonzentration

Gleichung	Funktion	System	Gl. Nr.
$[CO_3^{2-}] = \dfrac{K_1 K_2 K_H p_{CO_2}}{[H^+]^2}$ $\lg[CO_3^{2-}] = \lg K_H + \lg K_1 + \lg K_2 + \lg p_{CO_2} + 2pH$	$[CO_3^{2-}] = f(p_{CO_2}, [H^+])$	2	(3.29) (3.30)
$[CO_3^{2-}] = \dfrac{K_2 [HCO_3^-]^2}{K_1 K_H p_{CO_2}}$	$[CO_3^{2-}] = f(p_{CO_2}, [HCO_3^-])$	4	(3.39)
$[CO_3^{2-}]^3 - \left([Alk] + \dfrac{(K_1 K_H p_{CO_2} + K_W)}{4 K_1 K_2 K_H p_{CO_2}}\right)[CO_3^{2-}]^2 +$ $[Alk]^2 + 2K_1 K_H p_{CO_2} + 2K_W [CO_3^{2-}] - \dfrac{K_1 K_2 K_H p_{CO_2}}{4} = 0$	$[CO_3^{2-}] = f(p_{CO_2}, [Alk])$	6	(3.53)
$[CO_3^{2-}] = \dfrac{K_1 K_2 [H_2CO_3]}{[H^+]^2}$ $\lg[CO_3^{2-}] = \lg K_1 + \lg K_2 + \lg[H_2CO_3] + 2pH$	$[CO_3^{2-}] = f([H_2CO_3], [H^+])$	8	(3.68) (3.69)
$[CO_3^{2-}] = \dfrac{K_2 [HCO_3^-]^2}{K_1 [H_2CO_3]}$	$[CO_3^{2-}] = f([H_2CO_3], [HCO_3^-])$	10	(3.76)
$[CO_3^{2-}]^3 - \left([Alk] + \dfrac{(K_1 [H_2CO_3] + K_W)}{4 K_1 K_2 [H_2CO_3]}\right)[CO_3^{2-}]^2$ $+ \dfrac{[Alk]^2 + 2K_1 [H_2CO_3] + 2K_W [CO_3^{2-}] - \dfrac{K_1 K_2 [H_2CO_3]}{4}}{} = 0$	$[CO_3^{2-}] = f([H_2CO_3], [Alk])$	12	(3.81)

Tab. A.5 (Fortsetzung)

Gleichung	Funktion	System	Gl. Nr.
$[CO_3^{2-}] = \dfrac{K_2 [HCO_3^-]}{[H^+]}$	$[CO_3^{2-}] = f([H^+], [HCO_3^-])$	13	(3.85)
$[CO_3^{2-}] = \dfrac{[H^+]^2 K_2 + K_2 [Alk][H^+] - K_2 K_W}{[H^+]^2 + 2[H^+] K_2}$	$[CO_3^{2-}] = f([H^+], [Alk])$	15	(3.91)
$([CO_3^{2-}])_{1,2} = \dfrac{K_2 [HCO_3^-]}{(4K_2 [HCO_3^-] + 2K_W)} \left(([Alk] - [HCO_3^-])\right.$ $\left. \pm \sqrt{([HCO_3^-] - [Alk])^2 + 8K_2 [HCO_3^-] + 4K_W}\right)$	$[CO_3^{2-}] = f([HCO_3^-], [Alk])$	16	(3.99)

Tab. A.6 Funktionen zur Berechnung der Alkalinität

Gleichung	Funktion	System	Gl. Nr.
$[Alk] = \dfrac{K_1 K_H p_{CO_2}}{[H^+]} + \dfrac{2K_1 K_2 K_H p_{CO_2}}{[H^+]^2} + \dfrac{K_w}{[H^+]} - [H^+]$	$[Alk] = f\left(p_{CO_2},[H^+]\right)$	3	(3.33)
$[Alk] = [HCO_3^-] + \dfrac{2K_2[HCO_3^-]^2}{K_1 K_H p_{CO_2}} + \dfrac{K_w[HCO_3^-]}{K_1 K_H p_{CO_2}} - \dfrac{K_1 K_H p_{CO_2}}{[HCO_3^-]}$	$[Alk] = f\left(p_{CO_2},[HCO_3^-]\right)$	5	(3.48)
$[Alk]_{1,2} = 2[CO_3^{2-}]$ $\pm \dfrac{[CO_3^{2-}]\left(K_1 K_H p_{CO_2} + K_w\right) + K_1 K_2 K_H p_{CO_2}\sqrt{K_1 K_2 K_H p_{CO_2}[CO_3^{2-}]}}{K_1 K_2 K_H p_{CO_2}[CO_3^{2-}]}$	$[Alk] = f\left(p_{CO_2},[CO_3^{2-}]\right)$	6	(3.50)
$[Alk] = \dfrac{K_1[H_2CO_3]}{[H^+]} + \dfrac{2K_1 K_2[H_2CO_3]}{[H^+]^2} + \dfrac{K_w}{[H^+]} - [H^+]$	$[Alk] = f\left([H_2CO_3],[H^+]\right)$	9	(3.70)
$[Alk] = [HCO_3^-] + \dfrac{2K_2[HCO_3^-]^2}{K_1[HCO_3^-]} + \dfrac{K_w[HCO_3^-]}{K_1[HCO_3^-]} - \dfrac{K_1[HCO_3^-]}{[HCO_3^-]}$	$[Alk] = f\left([H_2CO_3],[HCO_3^-]\right)$	11	(3.79)
$[Alk] = \left(\dfrac{K_1 K_2[H_2CO_3]}{[CO_3^{2-}]}\right)^{\frac{1}{2}}\left(\dfrac{[CO_3^{2-}] - K_2}{K_2}\right) + 2[CO_3^{2-}] + K_w\left(\dfrac{K_1 K_2[H_2CO_3]}{[CO_3^{2-}]}\right)^{-\frac{1}{2}}$	$[Alk] = f\left([H_3CO_3],[CO_3^{2-}]\right)$	12	(3.80)
$[Alk] = [HCO_3^-]\left(1 + \dfrac{2K_2}{[H^+]}\right) + \dfrac{K_w}{[H^+]} - [H^+]$	$[Alk] = f\left([H^+],[HCO_3^-]\right)$	14	(3.86)
$[Alk] = \dfrac{[H^+][CO_3^{2-}]}{K_2} + 2[CO_3^{2-}] + \dfrac{K_w}{[H^+]} - [H^+]$	$[Alk] = f\left([H^+],[CO_3^{2-}]\right)$	15	(3.90)
$[Alk] = [HCO_3^-] + 2[CO_3^{2-}] + \dfrac{K_w[CO_3^{2-}]}{K_2[HCO_3^-]} - \dfrac{K_2[HCO_3^-]}{[CO_3^{2-}]}$	$[Alk] = f\left([HCO_3^-],[CO_3^{2-}]\right)$	16	(3.100)

Anhang 5: Tabellen mit jeweils gleichen abhängigen Variablen im System reines Wasser und Kohlendioxid (Tab. A.7, A.8, A.9, A.10, A.11)

Tab. A.7 Funktionen zur Berechnung des Partialdruckes des Kohlendioxids

Gleichung	Funktion	System	Gl. Nr.
$p_{CO_2} = \dfrac{[H_2CO_3]}{K_H}$	$p_{CO_2} = f([H_2CO_3])$	0*	(4.4)
$p_{CO_2} = \dfrac{[H^+]^3 - K_W[H^+]}{K_1K_H[H^+] + 2K_1K_2K_H} = \dfrac{[H^+]([H^+]^2 - K_W)}{K_1K_H([H^+] + 2K_2)}$	$p_{CO_2} = f([H^+])$	3*	(4.5)
$(p_{CO_2})_{1,2} = \dfrac{[HCO_3^-]}{2K_1K_H}\left([HCO_3^-] \pm \sqrt{[HCO_3^-]^2 + 8K_2[HCO_3^-] + 4K_W}\right)$	$p_{CO_2} = f([HCO_3^-])$	5*	(4.8)
$(p_{CO_2})_{1,2} = \dfrac{[CO_3^{2-}]}{K_HK_1(K_2 - [CO_3^{2-}])^2}\left(2K_2[CO_3^{2-}]^2 - K_W[CO_3^{2-}] + K_2K_W \pm 2[CO_3^{2-}]\sqrt{K_2^2[CO_3^{2-}]^2 - K_2K_W[CO_3^{2-}] + K_2^2K_W}\right)$	$p_{CO_2} = f([CO_3^{2-}])$	6*	(4.12)

Tab. A.8 Funktionen zur Berechnung der Kohlensäurekonzentration

Gleichung	Funktion	System	Gl. Nr.
$[H_2CO_3] = K_H\, p_{CO_2}$	$[H_2CO_3] = f\left(p_{CO_2}\right)$	0*	(3.6)
$[H_2CO_3] = \dfrac{[H^+]^3 - K_W[H^+]}{K_1[H^+] + 2K_1K_2} = \dfrac{[H^+]\left([H^+]^2 - K_W\right)}{K_1\left([H^+] + 2K_2\right)}$	$[H_2CO_3] = f\left([H^+]\right)$	9*	(4.13)
$([H_2CO_3])_{1,2} = \dfrac{[HCO_3^-]}{2K_1}\left([HCO_3^-] \pm \sqrt{[HCO_3^-]^2 + 8K_2[HCO_3^-] + 4K_W}\right)$	$[H_2CO_3] = f\left([HCO_3^-]\right)$	11*	(4.16)
$([H_2CO_3])_{1,2} = \dfrac{[CO_3^{2-}]}{K_1\left(K_2 - [CO_3^{2-}]\right)^2}\left(2K_2[CO_3^{2-}]^2 - K_W[CO_3^{2-}] + K_2K_W\right)$ $\pm\, 2[CO_3^{2-}]\sqrt{K_2^2[CO_3^{2-}]^2 - K_2K_W[CO_3^{2-}] + K_2^2K_W}$	$[H_2CO_3] = f\left([HCO_3^-]\right)$	12*	(4.18)

Tab. A.9 Funktionen zur Berechnung der Wasserstoffionenkonzentration

Gleichung	Funktion	System	Gl. Nr.
$[H^+]^3 - (K_1 K_H p_{CO_2} + K_W)[H^+] - 2K_1 K_2 K_H p_{CO_2} = 0$	$[H^+] = f(p_{CO_2})$	3*	(4.6)
$[H^+]^3 - (K_1[H_2CO_3] + K_W)[H^+] - 2K_1 K_2[H_2CO_3] = 0$	$[H^+] = f([H_2CO_3])$	9*	(4.14)
$[H^+]_{1,2} = \frac{1}{2}\left([HCO_3^-] \pm \sqrt{[HCO_3^-]^2 + 8K_2[HCO_3^-] + 4K_W}\right)$	$[H^+] = f([HCO_3^-])$	14*	(4.20)
$[H^+]_{1,2} = \frac{1}{[CO_3^{2-}] - K_2}\left(K_2[CO_3^{2-}]\right.$ $\left. \pm\sqrt{K_2^2[CO_3^{2-}]^2 - K_2 K_W[CO_3^{2-}] + K_2^2 K_W}\right)$	$[H^+] = f([CO_3^{2-}])$	15*	(4.22)

Tab. A.10 Funktionen zur Berechnung der Hydrogencarbonatkonzentration

Gleichung	Funktion	System	Gl. Nr.
$[HCO_3^-]^3 + \left(\dfrac{K_1 K_H p_{CO_2} + K_W}{2K_2}\right)[HCO_3^-]^2 - \dfrac{K_1^2 K_H^2 p_{CO_2}^2}{2K_2} = 0$	$[HCO_3^-] = f(p_{CO_2})$	5*	(4.7)
$[HCO_3^-]^3 + \left(\dfrac{K_1 [H_2CO_3] + K_W}{2K_2}\right)[HCO_3^-]^2 - \dfrac{K_1^2 [H_2CO_3]^2}{2K_2} = 0$	$[HCO_3^-] = f([H_2CO_3])$	11*	(4.15)
$[HCO_3^-] = \dfrac{[H^+]^2 - K_W}{[H^+] + 2K_2} = \dfrac{[H^+] - \dfrac{K_W}{[H^+]}}{1 + \dfrac{2K_2}{[H^+]}}$	$[HCO_3^-] = f([H^+])$	14*	(4.19)
$([HCO_3^-])_{1,2} = \dfrac{[CO_3^{2-}]}{K_2([CO_3^{2-}] - K_2)}(-K_2[CO_3^{2-}]$ $\pm\sqrt{K_2^2[CO_3^{2-}]^2 - K_2 K_W[CO_3^{2-}] + K_2^2 K_W})$	$[HCO_3^-] = f([CO_3^{2-}])$	16*	(4.23)

Tab. A.11 Funktionen zur Berechnung der Carbonatkonzentration

Gleichung	Funktion	System	Gl. Nr.
$[CO_3^{2-}]^3 - \dfrac{(K_1 K_H p_{CO_2} + K_W)^2}{4 K_1 K_2 K_H p_{CO_2}}\,[CO_3^{2-}]^2 + \dfrac{(K_1 K_H p_{CO_2} + K_W)}{2}\,[CO_3^{2-}] - \dfrac{K_1 K_2 K_H p_{CO_2}}{4} = 0$	$[CO_3^{2-}] = f(p_{CO_2})$	6*	(4.9)
$[CO_3^{2-}]^3 - \dfrac{(K_1[H_2CO_3] + K_W)^2}{4 K_1 K_2 [H_2CO_3]}\,[CO_3^{2-}]^2 + \dfrac{(K_1[H_2CO_3] + K_W)}{2}\,[CO_3^{2-}] - \dfrac{K_1 K_2 [H_2CO_3]}{4} = 0$	$[CO_3^{2-}] = f([H_2CO_3])$	12*	(4.17)
$[CO_3^{2-}] = \dfrac{[H^+]^2 K_2 - K_2 K_W}{[H^+]^2 + 2[H^+] K_2}$	$[CO_3^{2-}] = f([H^+])$	15*	(4.21)
$([CO_3^{2-}])_{1,2} = \dfrac{K_2[HCO_3^-]}{(4 K_2[HCO_3^-] + 2 K_W)}\left(-[HCO_3^-] \pm \sqrt{[HCO_3^-]^2 + 8 K_2[HCO_3^-] + 4 K_W}\right)$	$[CO_3^{2-}] = f([HCO_3^-])$	16*	(4.24)

Literatur

DIN 38404-10, Dezember 2012 (Physikalische und physikalisch-chemische Stoffkenngrößen (Gruppe C) – Teil 10: Calcitsättigung eines Wassers)

Sachverzeichnis

© Springer-Verlag Berlin Heidelberg 2015
G. Hobiger, *Kohlendioxid in Wasser mit Alkalinität,*
DOI 10.1007/978-3-662-45466-4

Printed in the United States
By Bookmasters